essentials

essentials liefern aktuelles Wissen in konzentrierter Form. Die Essenz dessen, worauf es als „State-of-the-Art" in der gegenwärtigen Fachdiskussion oder in der Praxis ankommt. *essentials* informieren schnell, unkompliziert und verständlich

- als Einführung in ein aktuelles Thema aus Ihrem Fachgebiet
- als Einstieg in ein für Sie noch unbekanntes Themenfeld
- als Einblick, um zum Thema mitreden zu können

Die Bücher in elektronischer und gedruckter Form bringen das Expertenwissen von Springer-Fachautoren kompakt zur Darstellung. Sie sind besonders für die Nutzung als eBook auf Tablet-PCs, eBook-Readern und Smartphones geeignet. *essentials:* Wissensbausteine aus den Wirtschafts-, Sozial- und Geisteswissenschaften, aus Technik und Naturwissenschaften sowie aus Medizin, Psychologie und Gesundheitsberufen. Von renommierten Autoren aller Springer-Verlagsmarken.

Weitere Bände in der Reihe http://www.springer.com/series/13088

Renate Motzer

Brüche, Verhältnisse und Wurzeln

Grundlagen wiederentdecken und interessante Anwendungen neu kennenlernen

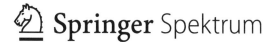 Springer Spektrum

Renate Motzer
Augsburg, Deutschland

ISSN 2197-6708   ISSN 2197-6716   (electronic)
essentials
ISBN 978-3-658-20369-6   ISBN 978-3-658-20370-2   (eBook)
https://doi.org/10.1007/978-3-658-20370-2

Die Deutsche Nationalbibliothek verzeichnet diese Publikation in der Deutschen Nationalbiblio-
grafie; detaillierte bibliografische Daten sind im Internet über http://dnb.d-nb.de abrufbar.

Springer Spektrum
© Springer Fachmedien Wiesbaden GmbH 2018

Gedruckt auf säurefreiem und chlorfrei gebleichtem Papier

Springer Spektrum ist Teil von Springer Nature
Die eingetragene Gesellschaft ist Springer Fachmedien Wiesbaden GmbH
Die Anschrift der Gesellschaft ist: Abraham-Lincoln-Str. 46, 65189 Wiesbaden, Germany

Was Sie in diesem *essential* finden können

- Was Brüche „sind" und wie man mit ihnen rechnet
- Warum in manchen Kontexten Brüche für Anteile stehen und in anderen aber für Verhältnisse
- Wie Brüche und Dezimalzahlen zueinander stehen
- Warum es auch Zahlen gibt, die man nicht als Brüche ausdrücken kann (sogenannte irrationale Zahlen)
- Warum es bei Prozentwerten so wichtig ist zu wissen, was der Grundwert ist
- Warum man in verschiedenen Kontexten manchmal verschiedene Arten von Mittelwerten braucht

Inhaltsverzeichnis

Einleitung

▷ Und merk dir ein für allemal
den wichtigsten von allen Sprüchen:
Es liegt dir kein Geheimnis in der Zahl,
allein ein großes in den Brüchen.
Goethe, Urfaust.

Die Beschäftigung mit Brüchen bringt immer auch einen Bruch mit bisherigen Zahlenvorstellungen mit sich. Ganze Zahlen haben eine eindeutige Darstellung. Jede Ziffernkonstellation steht für genau eine Zahl. Bei Brüchen ist das nicht mehr so, denn verschiedene Brüche können die gleiche Zahl bezeichnen $\left(\frac{1}{2} = \frac{2}{4} = \frac{3}{6} = \dots \right)$.

Außerdem hat jede ganze Zahl (auf der Zahlengeraden) einen eindeutigen Vorgänger und einen eindeutigen Nachfolger. Zwischen zwei ganze Zahlen passen nur endlich viele andere ganze Zahlen. Zwischen zwei Bruchzahlen gibt es nun aber immer unendlich viele Bruchzahlen.

Und noch ein Unterschied: Beim Multiplizieren mit ganzen Zahlen wurden die Zahlen (zumindest betragsmäßig) größer (außer bei den ungewöhnlichen Multiplikationen mit -1, 0 und 1), beim Dividieren wurden sie kleiner. Bei Brüchen kann „alles Mögliche herauskommen".

Mit all diesen vertrauten Zahlenvorstellungen muss man also brechen, wenn man sich auf Brüche einlässt.

© Springer Fachmedien Wiesbaden GmbH 2018
R. Motzer, *Brüche, Verhältnisse und Wurzeln,* essentials,
https://doi.org/10.1007/978-3-658-20370-2_1

Dafür gewinnt man nicht nur eine Zahlenmenge, bei der man jede Division (außer die durch Null) ohne Rest ausführen kann. Man kann ganz viel entdecken und für viele Anwendungen die nötigen Hilfsmittel zur Beschreibung finden. Einige davon werden in diesem Buch vorgestellt. Es wird weiterhin erläutert, warum diese neue Menge an Zahlen trotzdem nicht reicht, alle mathematischen Aufgaben zu lösen und wie man die Welt der Brüche in eine noch größere Welt von Zahlen einbauen kann.

Was sind (gewöhnliche) Brüche?

2

Viele würden sagen, es sind Zahlen, die man mit einem Bruchstrich schreibt, oben der Zähler, unten der Nenner. Das ist schon mal das Wesentlichste. Meistens denkt man an positive Zahlen, also dass Zähler und Nenner positive ganze Zahlen sind, d. h. natürliche Zahlen. Ob die Null zu den natürlichen Zahlen gehört, darüber kann man streiten, als Nenner ergibt sie jedenfalls keinen Sinn (siehe unten). Will man auch negative Zahlen in den Blick nehmen, reicht es, wenn der Zähler negativ ist, denn $\frac{3}{-4} = \frac{-3}{4}\left(= -\frac{3}{4}\right)$. Man könnte das Minus also immer in den Zähler schreiben, schreibt es aber üblicherweise vor den Bruchstrich.

Im Weiteren soll nur von positiven Brüchen die Rede sein. Wenn mal ein negativer Bruch gebraucht wird, wird dies explizit erwähnt.

Was ist aber nun mit $\frac{3}{4}$ und $\frac{6}{8}$? Sind das zwei verschiedene Brüche oder zwei Schreibweisen für den gleichen Bruch (oder gar für den „selben" Bruch)?

Im Deutschunterricht lernen die Kinder den Unterschied kennen zwischen „dem gleichen Pullover" und „demselben Pullover". Wenn Hans denselben Pullover anhat, den gestern Max anhatte, dann hat er ihn von Max bekommen. Wenn der den gleichen Pullover anhat, waren sie vielleicht im selben Laden (oder nur im gleichen – also z. B. in unterschiedlichen Filialen derselben Kette) und jeder hat sich einen Pullover gekauft.

Auf die Mathematik übertragen könnte man fragen, ob es „den Bruch", genauer gesagt die „Bruchzahl" $\frac{3}{4}$ nur einmal gibt und es immer um dieselbe Zahl geht, egal wie man sie schreibt, oder ob es nur wichtig ist, dass die beiden Brüche $\frac{3}{4}$ und $\frac{6}{8}$ wertgleich sind. Wertgleich oder gleichwertig heißt auf lateinisch „äquivalent". Es kann also gesagt werden, dass dem Bruchrechnen eine Gleichwertigkeitsbeziehung („Äquivalenzrelation") zugrunde liegt, sodass es verschiedene Schreibweisen für die gleiche (dieselbe?) Bruchzahl gibt.

© Springer Fachmedien Wiesbaden GmbH 2018
R. Motzer, *Brüche, Verhältnisse und Wurzeln,* essentials,
https://doi.org/10.1007/978-3-658-20370-2_2

Wie kann man nun feststellen, ob zwei Brüche $\frac{a}{b}$ und $\frac{c}{d}$ wertgleich sind? Oft wird gesagt, wenn man den einen durch Erweitern oder Kürzen in den andern überführen kann. Bei $\frac{3}{4}$ und $\frac{6}{8}$ ist das der Fall. Man hat mit 2 erweitert bzw. gekürzt, je nachdem, in welche Richtung man denkt $\left(\frac{3}{4} = \frac{3 \cdot 2}{4 \cdot 2} = \frac{6}{8} \right)$.

Aber was ist mit $\frac{21}{28}$ und $\frac{6}{8}$? Man könnte beide auf $\frac{3}{4}$ kürzen, also könnte das Kriterium sein: Zwei Brüche sind äquivalent zueinander (sie beschreiben die gleiche Bruchzahl), wenn sie auf den gleichen Bruch gekürzt werden können.

Wenn man alle Elemente, die aufgrund einer Äquivalenzrelation als gleichwertig angesehen werden, zu einer Menge zusammenfasst, nennt man dies eine **Äquivalenzklasse**. Eine Bruchzahl ist also eine Klasse von Brüchen. Den vollständig gekürzten Bruch in dieser Menge nimmt man üblicherweise als „Klassensprecher" (**Repräsentant**).

Es gibt noch eine andere Möglichkeit die Wertgleichheit zu prüfen. Diese setzt nicht voraus, dass man Zähler und Nenner auf gemeinsame Teiler, mit denen man kürzen könnte, untersucht. Was macht man bei Gleichungen, in denen Brüche vorkommen? Wie wird man da die Brüche los? Richtig, man multipliziert die Gleichungen geeignet durch. Für die Gleichung:

$\frac{a}{b} = \frac{c}{d}$ heißt dies, mit b und d durch zu multiplizieren und man erhält: $ad = bc$.

Zusammenfassend sieht man also: $\boxed{\dfrac{a}{b} = \dfrac{c}{d} \text{ gilt genau dann, wenn } ad = bc.}$

Hierbei dürfen b und d nicht Null sein.

Wieso kann man eine Null im Nenner nicht sinnvoll interpretieren?

$5:0 = a$ würde heißen, dass umgekehrt $a \cdot 0 = 5$ ergeben müsste. So ein a gibt es aber nicht.

$0:0 = a$ würde heißen, dass umgekehrt $a \cdot 0 = 0$ ergeben müsste. Das gilt für jede Zahl, also gibt es für a auch keine eindeutige Lösung.

Inhaltlich können Sie ein Ganzes nicht in 0 Teile teilen. Und wenn Sie sich fragen würden, wie oft die Null in die Fünf geht, d. h. wie oft man Null von Fünf wegnehmen kann, dann ginge des unendlich oft. Also gibt es auch inhaltlich keine sinnvolle Deutung.

Eine Bruchzahl ist aufgrund der bisherigen Überlegungen eine Äquivalenzklasse von Brüchen, das heißt eine Menge von wertgleichen Brüchen. Jeder dieser Brüche kann die Bruchzahl repräsentieren.

Die Klasse von $\frac{1}{2}$ ist $\left\{ \frac{1}{2}, \frac{2}{4}, \frac{3}{6}, \dots \right\}$.

Ist bei einem Bruch der Zähler kleiner als der Nenner, spricht man von einem **echten** Bruch. Ist der Wert des Bruches größer als Eins von einem **unechten.**

Man kann unechte Brüche auch als **gemischte Zahl** schreiben. Beispiel: $\frac{12}{5} = 2\frac{2}{5}$.

Brüche als Anteile von einem Ganzen 3

3.1 Das Ganze als Kreis oder Rechteck?

Doch was soll man sich nun unter einem Bruch oder unter einer Bruchzahl vorstellen? Bei gewöhnlichen Brüchen denkt man meist als an Anteile von Stückgrößen oder von anderen Größen. Aufgefordert Anteile von Stückgrößen darzustellen könnte man zu Skizzen wie in Abb. 3.1. kommen (Skizzen sind in diesem Büchlein meist als Handskizzen dargestellt, da sie aufzeigen sollen, wie man selbst eine anschauliche Vorstellung gewinnen kann).

$\frac{1}{2}$ kg, $\frac{1}{8}$ kg oder $\frac{1}{3}$ |, $\frac{1}{4}$ |, $\frac{2}{3}$ km sind Anteile von anderen Größen.

Schon aus der Grundschule ist häufig die Umrechnung in Dezimalbrüche oder in kleinere Einheiten bekannt: $\frac{1}{2}$ kg = 0,5 kg = 500 g.

Bei $\frac{3}{4}$ Pizza teilt man die Pizza in 4 Teile und nimmt 3 davon. Mit $\frac{6}{8}$ einer Pizza würde man genauso viel bekommen: 6 von 8 Teilen (vgl. Abb. 3.2).

Das Erweitern eines Bruches geht also vonstatten, indem man das Ganze in mehrere Teile bricht, aber auch entsprechend mehr Teile davon nimmt.

Üblicherweise ist die Pizza oder die Torte rund. Aber es gibt auch rechteckige Pizzen und Kuchen vom rechteckigen Blech. Welche Veranschaulichung würden Sie bevorzugen: Kreis oder Rechteck?

Der Kreis hat den Vorteil, dass man die Einheit besser sieht. Alle Kreise dieser Welt sind ähnlich, sie unterscheiden sich nur durch die Radien. Ein Kreis ist also immer eine Vergrößerung oder Verkleinerung des anderen. Außerdem kann man einen Kreis gut rekonstruieren, wenn man nur einen Sektor hat (und einen Bruchteil davon stellt man eigentlich immer als Sektor dar – siehe Abb. 3.3).

Wenn man einen Teil einer Rechteck-Pizza bekommt oder eines Blechkuchens, kann man nicht rekonstruieren, wie groß die gesamte Pizza oder der

© Springer Fachmedien Wiesbaden GmbH 2018
R. Motzer, *Brüche, Verhältnisse und Wurzeln,* essentials,
https://doi.org/10.1007/978-3-658-20370-2_3

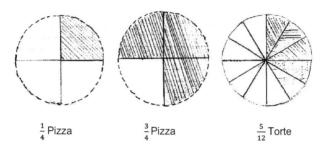

$\frac{1}{4}$ Pizza $\frac{3}{4}$ Pizza $\frac{5}{12}$ Torte

Abb. 3.1 Brüche als Anteil von Stückgrößen

Abb. 3.2 Erweitern eines
Bruches mit 2

Abb. 3.3 Sichtbarmachen
des Kreises, von dem nur
ein Bruchteil gegeben ist

gesamte Kuchen war. Man muss die Einheit also zusätzlich darstellen, was üblicherweise gestrichelt geschieht (vgl. Abb. 3.4).

3.2 Addition und Subtraktion von Brüchen

Rechtecke haben aber auch Vorzüge. Man kann ihnen unterschiedliche, zu den
Brüchen passende Seitenlängen geben. Interessiert man sich z. B. für $\frac{2}{5} + \frac{3}{7}$, ist
die eine Richtung 5, in die andere 7 Teile lang.

oder

Abb. 3.4 Sichtbarmachen des Rechtecks, von dem nur ein Bruchteil gegeben ist

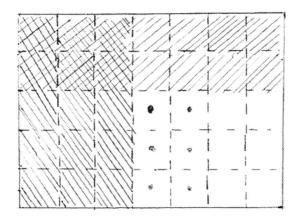

Abb. 3.5 Summe zweier Brüche im Rechteck dargestellt

Aber vielleicht sollte man sich vorher noch überlegen, ob **ein** Kuchen für die Darstellung des Ergebnisses reicht. Tut er es hier?

Nun: $\frac{2}{5}$ ist kleiner als $\frac{1}{2}$ (woran sieht man das, auch wenn man den Kuchen noch nicht gemalt hat?). Das gilt ebenso für $\frac{3}{7}$. Also hat man insgesamt sicher weniger als ein Ganzes. Spannender wäre es wohl bei $\frac{2}{5} + \frac{4}{7}$. Da könnte es knapp werden.

Nun die zeichnerische Lösung. Man kann sich aussuchen, wie groß man den Kuchen zeichnet. Naheliegend bei diesen Zahlen sind die Seitenlängen von 5 cm und 7 cm.

Durch die unterschiedliche Teilung von links nach rechts und von oben nach unten hat man insgesamt 35 Teile erhalten. Für $\frac{2}{5}$ hat man 2 von den 5tel-Streifen eingefärbt, bekommt also 14 Teile. Für die $\frac{3}{7}$ nimmt man drei von den 7tel-Streifen, erhält also 15 Teile. Vermutlich werden sich 6 Teile überlappen. Die darf man nun zusätzlich markieren und hat insgesamt 29 von den 35 Teilen markiert (vgl. Abb. 3.5). Das Ergebnis der Addition lautet somit: $\frac{29}{35}$. Die Zahl 35 ist somit der gemeinsame Nenner, den man auch als **„Hauptnenner"** bezeichnet.

Wäre der zweite Summand $\frac{4}{7}$, so wären dafür 20 Teile markiert worden. Mit 34 markierten Teilen hätte man also fast das Ganze erwischt.

Am Rechteck-Blechkuchen oder an der Rechteck-Pizza lassen sich also die Addition und Subtraktion gut darstellen. Hier noch ein Beispiele für eine Subtraktion, die man nicht so recht zeichnen kann: $\frac{2}{5} - \frac{3}{7} = \frac{14}{35} - \frac{15}{35} = -\frac{1}{35}$. Das Problem dabei: man müsste ein 35-stel-Stück mehr wegnehmen als 35-stel-Stücke da sind.

Wer es sich nur schwer merken kann, wie man Brüche addiert oder subtrahiert, der sollte sich das zugehörige Kuchenblech vorstellen und/oder das Ganze besingen (einen Text nach der Melodie von „Eine Seefahrt die ist lustig" findet sich bei Paulitsch 1993).

3.3   Multiplikation und Division

Auch für die Multiplikation von Brüchen ist es hilfreich sich ein Rechteck vorzustellen, das auf zweifache Weise geteilt werden kann.

$\frac{3}{4}$ von $\frac{2}{3}$ bedeutet: erst mal in eine Richtung dritteln und davon 2 Teile nehmen und dann in die andere Richtung vierteln und davon 3 Teile nehmen (aber nur vom dem $\frac{2}{3}$ -Anteil). So erhält man 6 von 12 Teilen und wenn man das genau bedenkt, ist es vom Ganzen die Hälfte (vgl. Abb. 3.6).

Neben dem Größenaspekt spielt beim Multiplizieren der Operatoraspekt eine große Rolle: Der Bruch $\frac{3}{4}$ steht dafür „$\frac{3}{4}$ von ...." zu betrachten. Dies kann nun analog wie vorher $\frac{3}{4}$ von einer Pizza oder von einem Kilometer sein. Aber es kann auch eine Hälfte von etwas noch mal geviertelt werden und davon wiederum 3 Teile genommen werden. Das Ergebnis muss immer als Anteil vom Ganzen beschrieben werden.

$\frac{3}{4}$ von $\frac{1}{2} = \frac{3}{4} \cdot \frac{1}{2} = \frac{3}{8}$.

Abb. 3.6 Multiplikation
von 2 Brüchen

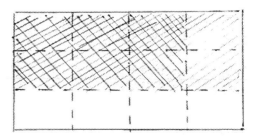

Ein Beispiel, bei dem gekürzt werden kann:

$\frac{2}{3}$ von $\frac{1}{2}$ Pizza $= \frac{2}{6}$ Pizza $= \frac{1}{3}$ Pizza (siehe Abb. 3.7).

Die Division von Brüchen kann man zum einen als Umkehrung der Multiplikation verstehen. Wie das genau funktioniert, wird hier hergeleitet:

$x = \frac{1}{2} : \frac{2}{3}$ bedeutet somit $\frac{2}{3} \cdot x = \frac{1}{2}$. Die Frage lautet also: Mit was muss ich $\frac{2}{3}$ multiplizieren, um $\frac{1}{2}$ zu erreichen?

Da $\frac{1}{2}$ weniger als $\frac{2}{3}$ ist, muss die gesuchte Zahl kleiner als 1 sein. $\frac{2}{3}$ multipliziert mit seinem **Kehrbruch** $\frac{3}{2}$ ist erst mal 1 und das nochmal halbiert gibt dann $\frac{1}{2}$, also ist die gesuchte Zahl die Hälfte von $\frac{3}{2}$, somit $\frac{1}{2} \cdot \frac{3}{2} = \frac{3}{4}$.

De facto spielt somit der Kehrbruch (oder auch **Kehrwert** genannt) von $\frac{2}{3}$ eine Rolle (um die Zahl im ersten Schritt auf 1 zu bringen).

Noch ein Beispiel $x = \frac{3}{4} : \frac{2}{9}$. Eine zugehörige Frage lautet: wie oft geht $\frac{2}{9}$ in $\frac{3}{4}$? Mehr als 1-mal?

Ja, $\frac{2}{9}$ ist deutlich kleiner als $\frac{3}{4}$. $\frac{2}{9}$ ist sogar kleiner als $\frac{2}{8} = \frac{1}{4}$. Es sollte also mehr als 3-mal gehen.

Als Multiplikationsaufgabe geschrieben: $\frac{2}{9} \cdot x = \frac{3}{4}$. Die gesuchte Zahl x muss als erstmal $\frac{2}{9}$ ausgleichen und dann noch auf das $\frac{3}{4}$-fache bringen. Somit $x = \frac{9}{2} \cdot \frac{3}{4} = \frac{27}{8} = 3\frac{3}{8}$.

Nun mag manchem der aufgeschriebene Umweg über die zugehörige Multiplikationsaufgabe zu formal sein.

Zum anderen bietet sich als Grundvorstellung zur Division bei Brüchen das Aufteilen an, also die Frage, wie oft der Divisor in den Dividenden passt. Wie oft passt $\frac{2}{3}$ in $\frac{1}{2}$? Da $\frac{2}{3}$ größer ist als $\frac{1}{2}$, weniger als 1-mal.

Man kann beide Brüche gleichnamig machen (also einen gleichen Nenner herstellen), um sie besser vergleichen zu können. $\frac{2}{3} = \frac{4}{6}$ und $\frac{1}{2} = \frac{3}{6}$. Es geht also um

Abb. 3.7 Eine Multiplikationsaufgabe, bei der gekürzt werden kann

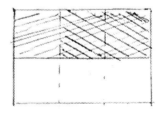

die Frage, wie oft $\frac{4}{6}$ in $\frac{3}{6}$ passt. Diese Frage ist gleichbedeutend mit: Wie oft geht 4 in 3? Die Antwort: $\frac{3}{4}$ mal.

Allgemein: $\frac{a}{b} : \frac{c}{d}$ heißt: wie oft geht $\frac{c}{d}$ in $\frac{a}{b}$. Erweitern liefert:

$\frac{a}{b} : \frac{c}{d} = \frac{ad}{bd} : \frac{cb}{bd} = ad : cb \left(= \frac{a}{b} \cdot \frac{d}{c} \right)$. De facto hat man also mit dem **Kehrbruch multipliziert.**

Bei Annelies Paulitsch finden sich auch zum Multiplizieren und Dividieren von Brüchen Mathelieder (1993).

3.4   Beispielaufgaben zum Überschlagen

Manchmal lohnt es sich nachzudenken, ob es stimmen kann, was man da so ermittelt hat.

Bsp. $1\frac{1}{3} - \frac{5}{6} = \frac{1}{3}$. Warum sollte einen das stutzig machen, wenn man hier $\frac{1}{3}$ rausbekommt?

Statt formal $1\frac{1}{3} - \frac{5}{6} = \frac{8}{6} - \frac{5}{6} = \frac{3}{6} = \frac{1}{2}$ zu rechnen, könnte man auch $1\frac{1}{3} - \frac{5}{6} = \frac{1}{3} + 1 - \frac{5}{6} = \frac{1}{3} + \frac{1}{6} = \frac{1}{2}$ rechnen. Das Ergebnis muss auf jeden Fall mehr als $\frac{1}{3}$ sein, sodass es einem auffallen sollte, dass man sich vertan hat, wenn man z. B. $\frac{3}{6}$ aus Versehen auf $\frac{1}{3}$ gekürzt haben sollte.

Zum Abschluss von Kap. 3 sind hier ein paar Überschlagsaufgaben zusammengestellt, die die verschiedenen Rechenarten betreffen. Statt das Ergebnis genau zu ermitteln (was der Taschenrechner fehlerfreier kann), sollte man vielleicht eher über die Größenordnung der Zahlen nachdenken:

Wie kann man sich bei folgenden Aufgaben überlegen, ob das Ergebnis größer oder kleiner als 1 ist (das Ergebnis soll gar nicht berechnet werden)?

a) $\frac{2}{3} + \frac{1}{4}$ (Warum ist $\frac{2}{3} < \frac{3}{4}$? Was fehlt jeweils zur 1? Warum ist das Ergebnis der Plusaufgabe daher kleiner als 1?)

b) $\frac{4}{7} + \frac{1}{9} + \frac{1}{10}$ (Warum $\frac{1}{10} < \frac{1}{9} < \frac{1}{7}$? Warum ist das Ergebnis auch diesmal kleiner als 1?)

c) $\frac{3}{8} + \frac{5}{6}$ (Denken Sie in 8-tel oder in 6-tel? Wenn Sie in 8-tel denken, wie viel fehlt von den $\frac{3}{8}$ zur 1? Warum ist $\frac{5}{6}$ mehr? Wenn Sie in 6-tel denken, wie viel fehlt von $\frac{5}{6}$ zur 1 und warum ist $\frac{3}{8}$ mehr?)

d) $\frac{3}{2} \cdot \frac{5}{7}$ (Hier ist Rechnen erlaubt.)

e) $\frac{7}{5} \cdot \frac{2}{3}$ (Vergleichen Sie mit d!)

f) $\frac{148}{257} \cdot \frac{91}{43}$ (Ist der erste Bruch größer oder kleiner als $\frac{1}{2}$? Wie kann man den zweiten abschätzen? Warum ist er größer als 2?)

g) $\frac{234}{125} \cdot \frac{34}{13} \cdot \frac{21}{37}$ (Vergleiche mit 2 und $\frac{1}{2}$ helfen auch hier.)

h) $\frac{2}{3} : \frac{3}{4}$ (Welcher Bruch ist größer?) i) $\frac{148}{257} : \frac{4}{17}$ (Welcher Bruch ist hier der größere?)

Ergibt sich bei folgenden Aufgaben etwas Positives oder Negatives?

a) $\frac{2}{3} - \frac{1}{4}$ (Welche Zahl ist größer?)

b) $\frac{1}{4} - \frac{2}{3}$

c) $\frac{3}{8} - \frac{5}{6}$

d) $\frac{4}{7} - \frac{2}{9} - \frac{1}{10}$ (Warum helfen $\frac{2}{9} < \frac{2}{7}$ und $\frac{1}{10} < \frac{1}{7}$ bei der Abschätzung?)

e) $\frac{4}{7} - \frac{2}{9} - \frac{1}{5}$ (Hier kann noch $\frac{1}{5} = \frac{2}{10}$ bedacht werden.)

f) $\frac{4}{7} - \frac{2}{9} - \frac{2}{5}$ (Jetzt dürfte es knapp werden. $\frac{1}{9} + \frac{1}{5} = \frac{14}{45} > \frac{2}{7}$, da $14 \cdot 7 > 45 \cdot 2$. Somit wird insgesamt mehr abgezogen, als da ist.)

Brüche als Verhältnisse

4

4.1 Der Verhältnisaspekt bei Brüchen

Neben dem Größen- und dem Operatoraspekt (einen Anteil **von** etwas zu betrachten) ist der Verhältnisaspekt die dritte wichtige Grundvorstellung zum Bruchrechnen. Hier gibt es kein von vorn herein eindeutiges Ganzes, mit dem man alle auftretenden Brüchen (einschließlich des Ergebnisses einer Rechnung) in Beziehung setzt. Brüche als Verhältnisse spielen daher erst später in der Schule eine Rolle, etwa bei der Behandlung der Proportionalität (doppelter Preis für die doppelte Menge und ähnliches). Brüche sind bei dieser Grundvorstellung nicht mehr ein Teil eines Ganzen, sondern es geht um zwei Größen/Anzahlen/…, die zueinander in Beziehung stehen. Diese werden selten addiert, eher verglichen oder dienen dazu, einen allgemeineren Zusammenhang zu beschreiben. Mit (Bruch-)-Operatoren zum Multiplizieren können sie eher verbunden werden als durch Addition oder Subtraktion. Proportionalität spielt im Alltag eine große Rolle.

Häufig wird ein Verhältnis als Verhältnis von zwei Größen angegeben, z. B. €/kg („pro") oder Portionen Eis/geschossenem Tor („pro"), wenn Eis als Belohnung für ein Kind bei einem Erfolg beim Fußballtournier versprochen wird. Später werden dann bei der Behandlung von Funktionen die Einheiten weggelassen. Bei linearen Funktionen gibt es eine eindeutige Steigung $m = \frac{\Delta y}{\Delta x}$. Wichtig ist in diesem Zusammenhang gewöhnlich wieder die Unabhängigkeit von den Repräsentanten (egal welches Δx ich wähle, der Quotient vom zugehörigen Δy zu Δx ist immer gleich). Wählt man $\Delta x = 1$, so kann das m direkt am Graphen abgelesen werden (vgl. Abb. 4.1).

Man beachte aber, dass anders als bei den Pizzen der Zähler m nicht als Teil von Δx eingezeichnet wird, sondern in eine andere Richtung geht.

© Springer Fachmedien Wiesbaden GmbH 2018
R. Motzer, *Brüche, Verhältnisse und Wurzeln*, essentials,
https://doi.org/10.1007/978-3-658-20370-2_4

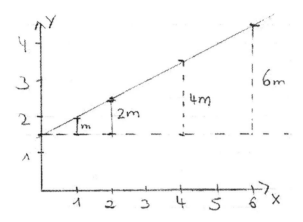

Abb. 4.1 Steigungsdreiecke

Verhältnisse spielen auch beim Mischen von Getränken, Arzneien und ähnlichem eine Rolle. Man kann den Saftanteil in einer Saftschorle auf zwei Weisen angeben, als Saft zu Gesamtflüssigkeit oder Saft zu Wasser. Zu einer Schorle, die zur Hälfte aus Saft und zur Hälfte aus Wasser besteht, passen also zwei Brüche: $1{:}2\left(=\frac{1}{2}\right)$ als Anteil des Saftes an der Gesamtflüssigkeit und 1:1 als dem Verhältnis von Saft und Wasser. Man muss genau aufpassen, welche Variante gerade gemeint ist.

Wie vorhin schon gesagt, wird bei Verhältnissen selten addiert. Aber was bedeutet es nun zwei Schorlen zusammenzuschütten? Ist das auch eine Art Addition?

Oder was heißt es, wenn in einer Halb-und-Halb-Schorle der Saft-Anteil halbiert wird? Beim Anteil der Gesamtflüssigkeit müsste sich $\frac{1}{4}$ ergeben. Das Verhältnis ist plötzlich 1:3. Oder ist gemeint, es wird nur halb so viel Saft zur gleichen Menge Wasser geschüttet? Damit wäre dann das Verhältnis 1:2 und der Saft würde $\frac{1}{3}$ der Gesamtmenge ausmachen. Man sieht, genaues Hinschauen/Hinhören ist nötig – und selbst dann ist die Alltagssprache nicht immer tauglich, um in mathematische Gleichungen gegossen zu werden:

Was heißt es z. B., wenn „der Anteil nun 5-mal weniger ist als vorher?" Vermutlich ist er auf ein $\frac{1}{5}$ der vorherigen Anteils geschrumpft, oder?

Nehmen wir als Ausgangssituation wieder an, dass eine Schorle halb-halb gemischt wurde. Vorhin waren es 50 % Saft. „5 mal weniger" könnte also heißen, dass nur noch $10\,\%\left(=\frac{1}{5}\cdot\frac{1}{2}=\frac{1}{10}\right)$ Saft ist. Das Verhältnis wäre dann 1:9.

Oder soll sich das Verhältnis von 1:1 auf 1:5 ändern? Oder auf 1:6 (wegen „5-mal **weniger**")?

Und wenn etwas 5-mal mehr geworden ist, meint man üblicherweise, es ist **auf** das 5-fache gewachsen. Eigentlich steht da aber, dass das 5-fache dazugekommen ist, womit es auf das 6-fache gewachsen wäre. „5-mal weniger" dagegen hieße entsprechend, noch 4-mal zusätzlich abgezogen. Dies geht gewöhnlich nicht. So kann es also nicht gemeint sein.

Aber nun zurück zum Zusammenschütten der Schorlen. Die Menge an Schorle ist durch das Zusammenschütten sicher mehr geworden, aber danach wird bei den Verhältnissen ja nicht gefragt. Es liegt also keine Bruchaddition vor. Kann man das Zusammenschütten trotzdem mathematisch beschreiben?

Nehmen wir an, die eine Mischung sei durch 2 Gläser Saft auf 3 Gläser Wasser und die andere aus 1 Glas Saft auf 2 Gläser Wasser entstanden. Alle Gläser seien gleich groß.

Schüttet man diese Mischungen, an denen insgesamt 8 Glasfüllungen beteiligt sind, zusammen, so enthält die neuen Mischung 3 Gläser Saft auf 5 Gläser Wasser.

Dazu passt zum einen die „Rechnung" $\frac{2}{3} \check{+} \frac{1}{2} = \frac{3}{5}$ (Verhältnis Saft: Wasser) und zum anderen $\frac{2}{5} \check{+} \frac{1}{3} = \frac{3}{8}$ (Verhältnis Saft: Gesamtmenge).

Beides Mal wird so „addiert", wie es Schüler vielleicht fälschlicherweise allzu gerne tun: Zähler + Zähler durch Nenner + Nenner.

Dass der Wert dieses Ergebnisbruches zwischen den beiden „Summanden" liegt, dürfte inhaltlich klar sein. Darum nennt man dieses Argument dafür, dass Zähler plus Zähler durch Nenner plus Nenner vom Wert her zwischen den beiden Brüchen liegt, auch „Schorle-Beweis". Wäre es sinnvoll, so eine solche Art Addition ebenfalls zu definieren? Wo könnte noch ein Haken sein?

Haben Sie schon bemerkt, dass ich jeweils beide Schorlen komplett zusammengeschüttet habe? Nicht einen Teil von der ersten Schorle mit einem Teil von der zweiten Schorle?

Aber was passiert, wenn man die eine ganz und die andere nur zu einem Teil nimmt? Ergibt sich bei der „Addition" das gleiche Ergebnis?

Ist diese Addition also „unabhängig vom Repräsentanten" der zugehörigen Bruchzahlen. Bei der echten Bruchaddition ist das so:

$$\frac{2}{3} + \frac{1}{2} = \frac{4}{6} + \frac{3}{6} = \frac{7}{6}$$

$$\frac{6}{9} + \frac{2}{4} = \frac{24}{36} + \frac{18}{36} = \frac{42}{36} = \frac{7}{6}$$

Was aber gilt, wenn wir die Brüche unserer Schorle erweitern, etwa um die Faktoren 3 und 2?

$$\frac{2}{3} \overset{\smile}{+} \frac{1}{2} = \frac{3}{5} \text{ bzw. } \frac{6}{9} \overset{\smile}{+} \frac{2}{4} = \frac{8}{13}$$

$\frac{3}{5}$ und $\frac{8}{13}$ sind nicht wertgleich. Welcher der beiden Brüche ist größer? Man könnte mit dem Taschenrechner in einen Dezimalbruch umwandeln (mehr dazu im Kap. 6) und dann vergleichen. Oder wir bringen beide auf den Hauptnenner (65). Oder wir lassen diesen weg und multiplizieren „übers Kreuz": $3 \cdot 13 < 8 \cdot 5$, daher ist $\frac{3}{5} < \frac{8}{13}$.

Wie kommt es, dass bei der ersten Mischung der Saftanteil geringfügig kleiner ist als bei der zweiten Mischung?

Bei der zweiten Mischung ist von der ersten Schorle (die einen höheren Saftgehalt besitzt) das Dreifache genommen worden, von der zweiten Mischung nur das Doppelte (wenn wir die Zahlen im Zähler und Nenner als gleichgroße Gläser interpretieren). Daher hat die erste Schorle einen größeren Anteil an der Gesamtschorle und der Saftanteil der Gesamtschorle ist ein bisschen größer als bei der ersten Mischung.

Je nachdem, wie viel man von den beiden Schorlen nimmt, hat die Mischung einen anderen Wert, welcher freilich immer zwischen den beiden Ausgangswerten liegt.

Und Sie könnten mir nun sicher sagen, wie man die Mischung wählen muss, wenn er besonders nah am einen oder beim anderen „Summanden" liegen soll.

Sie könnten aber auch sagen, wer schüttet schon verschiedene Schorlen zusammen und interessiert sich so genau für das neue Mischverhältnis? Ich habe Ihnen dies zum einen so ausführlich erzählt, weil ich Ihnen zeigen wollte, dass die Unabhängigkeit vom Repräsentanten (die bei der gewöhnlichen Bruchaddition und -subtraktion ebenso gilt wie bei der Multiplikation und Division) nichts Selbstverständliches ist. Zum anderen kann so ein Zusammenschütten im Alltag tatsächlich eine Rolle spielen (siehe dazu das Abschn. 4.3 „Simpson-Paradoxon"). Zudem gibt es eine geometrische Interpretation als „mittlere Steigung", wenn ein Graph aus verschiedenen Strecken zusammengesetzt ist. Dazu nun ein Beispiel, das zum Sich-Wundern einlädt.

4.2   Die wundersame Flächenvermehrung

Zusammengesetzte Steigungen sollen an einem etwas kniffligen Beispiel betrachtet werden: Ein Quadrat wird in vier Teilflächen zerlegt; zwei Dreiecke und zwei Trapeze. Diese werden anders zusammengelegt und ergeben nun miteinander ein

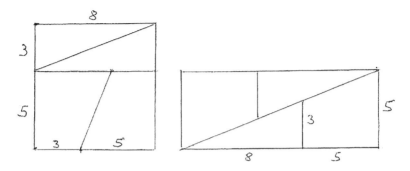

Abb. 4.2 Umwandlung eines Quadrats in ein Rechteck I

Rechteck. Wenn man sich allerdings die Gesamtfläche anschaut, die ja gleich geblieben sein müsste, ergibt sich ein Problem (siehe Abb. 4.2 und 4.3).

Gilt $(8 \cdot 8 =) 64 = 65 (= 5 \cdot 13)$? Oder wo liegt hier der Haken?

Fast das gleiche Phänomen taucht auch bei folgendem größeren Quadrat auf: Hier ergibt sich die Frage $(8 \cdot 21 =) 168 = 169 (= 13 \cdot 13)$? Diesmal hat das Quadrat die leicht größere Fläche.

Betrachten wir beim ersten Rechteck die beteiligten Steigungen:

$\frac{2}{5}$ (im Trapez) $= \frac{3}{8}$ (im Dreieck) $= \frac{5}{13}$ (im Gesamtrechteck)?

Welches ist die größte, welches die kleinste Steigung?

$\frac{2}{5} = \frac{16}{40}, \frac{3}{8} = \frac{15}{40}$. Solche Brüche werden (in ihrer gekürzten Version) „minimal benachbart" genannt (d. h. sie unterscheiden sich nur um $\frac{1}{1.\,\text{Nenner} \cdot 2.\,\text{Nenner}}$).

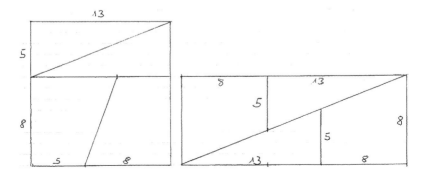

Abb. 4.3 Umwandlung eines Quadrats in ein Rechteck II

Und wo liegt dann $\frac{5}{13}$? Wie beim Schorle-Beweis dazwischen!! In dem Punkt, in dem sich das Dreieck und das Trapez treffen, gibt es also einen „unsichtbaren" kleinen Knick. Das Trapez hat eine etwas größere Steigung. Die Gesamtsteigung, die man bei exaktem Zeichnen extra einzeichnen könnte, liegt zwischen den beiden beteiligten Steigungen.

Im anderen Beispiel spielen die Steigungen $\frac{3}{8}$, $\frac{5}{13}$ und $\frac{8}{21}$ eine Rolle.

Hier ist $\frac{5}{13} = \frac{40}{194}$ größer als $\frac{3}{8} = \frac{39}{194}$ (wieder minimal benachbart) und $\frac{8}{21}$ liegt dazwischen.

Beachten Sie: zwischen zwei minimal benachbarten Brüchen kann, wie man hier sieht, ein Bruch liegen, dessen Nenner (hier 21) kleiner ist als der gemeinsame Nenner der minimal benachbarten Brüche (hier 194).

Wenn Sie Lust haben, können Sie darüber nachdenken, ob das bei minimal benachbarten Brüchen immer so ist.

Vielleicht fällt Ihnen auch auf, dass wieder die gleichen Zahlen vorgekommen sind. Man beachte die beteiligten Zahlen:

2, 3, 5, 8, 13, 21, … Wie geht diese Zahlenfolge weiter?

Diese Zahlen heißen auch Fibonacci-Zahlen. Leonardo von Pisa (1170–1240), genannt „Fibonacci", hat diese Zahlenfolge genauer untersucht. Normalerweise schickt man noch zweimal die Zahl 1 vorweg: 1, 1, 2, 3, 5, 8, 13, 21, 34, …. Sie haben das Bildungsgesetz vermutlich schon erkannt. Die nächste Zahl ist immer die Summe der beiden vorher gehenden. Durch sie kann man leicht benachbarte Brüche erzeugen, deren Zähler und Nenner noch relativ klein sind und die trotzdem sehr nahe beieinander liegen.

Eine Zusatzfrage (die sich nicht mehr mit Brüchen beantworten lässt): Wie müsste man ein Quadrat zerlegen in zwei Dreiecke und zwei Trapeze, damit man in der gewünschten Form tatsächlich ein flächengleiches Rechteck enthält – und zwar eines ohne Knicke?

Pythagoras hatte unrecht mit „Alles ist Zahl", in dem Sinn, dass man jedes Verhältnis mit einem (rationalen) Bruch darstellen kann. Für diese Aufgabe bräuchte man den sogenannten „goldenen Schnitt". Dabei handelt es sich um ein irrationales Verhältnis. Man kann mit Brüchen sehr viel beschreiben, aber eben doch nicht alles (vgl. Kap. 8).

4.3   Das Simpson-Paradoxon

Das Simpson- Paradoxon ist benannt nach Edward Hugh Simpson (geb. 1922). Es handelt sich um ein Paradoxon aus der Statistik. Die Bewertung verschiedener Gruppen fällt unterschiedlich aus, je nachdem, ob man die Ergebnisse der Gruppen kombiniert oder nicht.

Zunächst ein Beispiel aus dem Uni-Leben. Im Jahr 1973 kam an der Universität Berkeley der Vorwurf der Frauenfeindlichkeit auf. Der Grund war, dass scheinbar Frauen bei der Studienplatzvergabe benachteiligt wurden. Dies konnte man den Aufnahmezahlen entnehmen: bei den Männer wurden von 8442 Bewerbern 44 % aufgenommen, bei den Frauen von 4321 Bewerberinnen nur 35 %. Somit wurden also 9 % mehr von den Männern als von den Frauen zugelassen. Eine detailliertere Sicht auf die Daten zeigte, dass bei 85 Studiengängen nur in 4 Bereichen Männer signifikant bevorzugt wurden, in 6 Studiengängen wurden sogar signifikant mehr Frauen zugelassen. Wieso schien es aber insgesamt so, dass Frauen benachteiligt würden? Tatsächlich war es so, dass sich Frauen häufiger für Studiengänge mit niedrigeren Zulassungsquoten bewarben (was dort beide Geschlechter betraf). Männer wollten eher in Studiengänge mit insgesamt höheren Zulassungsquoten (vgl. Bickel et al. 1975).

Eine Vereinfachung auf zwei Fächer könnte wie in Tab. 4.1 aussehen.

Die Situation soll mit Brüchen dargestellt werden.

Im Fach 1 werden $\frac{720}{900}\left(=\frac{4}{5}=80\,\%\right)$ der Männer zugelassen und $\frac{180}{200}\left(=\frac{9}{10}=90\,\%\right)$ der Frauen zugelassen. Im Fach 2 sind es $\frac{20}{100}\left(=\frac{1}{5}=20\,\%\right)$ der Männer und $\frac{240}{800}\left(=\frac{3}{10}=30\,\%\right)$ der Frauen.

Schaut man nur auf die Prozentzahlen, scheinen die Frauen bevorzugt. Aber es spielen auch die Gesamtzahlen eine Rolle: $\frac{740}{1000}$ (= 74 %) der Männer und $\frac{420}{1000}$ (= 42 %) der Frauen erhalten einen Studienplatz.

Die beteiligten Brüche darf man nicht einfach wertgleich kürzen und dann verrechnen. Wie bei den Schorlen muss man darauf achten, wie viel man von welcher „Schorle" nimmt.

Normalerweise denkt man: Gilt a < c und e < g, so ist a + e < c + g. Dies gilt für die gewöhnliche Addition. Beim Simpson-Paradoxon spielt aber nicht die normale Addition eine Rolle, sondern jene falsche, die nicht unabhängig vom Repräsentanten ist.

Tab. 4.1 Fiktive Zulassungszahlen aufgeteilt auf Frauen und Männer

	Frauen		Männer	
	Insges.	Zugel.	Insges.	Zugel.
Fach 1	900	720	200	180
Fach 2	100	20	800	240
Summe	1000	740	1000	420

Gilt also $\frac{a}{b} < \frac{c}{d}$ und $\frac{e}{f} < \frac{g}{h}$, so kann sich ergeben: $\frac{a+e}{b+f} > \frac{c+g}{d+h}$. Als Voraussetzung muss gelten, dass $\frac{c}{d} < \frac{e}{f}$ oder $\frac{g}{h} < \frac{a}{b}$.

Das kann man an folgenden Geraden sehen. Es müssen nur die beiden Mischungen geeignet gewählt werden, dass der Mischwert der einen Mischung nahe beim kleineren Ausgangswert ist und der der anderen näher beim größeren. (vgl. Abb. 4.4 – Die Idee, solche Gerade zu verwenden, ist von Tan 1986).

Simpson-Paradoxa können auch bei Todesfällen oder Todesursachen eine Rolle spielen.

Schauen wir uns die aktuelle Krebsstatistik und die Prognosen für die nächsten Jahre an: „Nach der aktuellen Bevölkerungsprognose wäre bei gleichbleibenden Erkrankungsraten bis zum Jahr 2020 im Vergleich zu 2013 mit einem Anstieg der absoluten Erkrankungszahlen von 12 % bei den Männern und 7 % bei den Frauen zu rechnen. Unter Berücksichtigung der zuletzt für einige der häufigen Tumoren(unter anderem Magen- und Darmkrebs) rückläufigen Inzidenztrends fällt der vorhergesagte Anstieg für Krebserkrankungen insgesamt mit 9 % beziehungsweise 6 % etwas geringer aus.

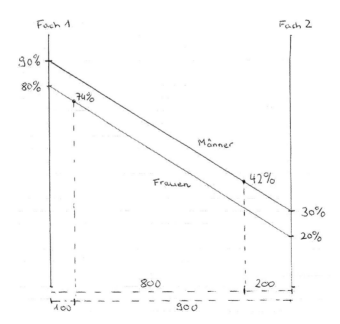

Abb. 4.4 Skizze zum Simpson-Paradoxon

Die langfristige Zunahme an Krebserkrankungen, mit einer Verdoppelung der absoluten Zahl seit 1970, ist jedoch nur zu etwas mehr als der Hälfte durch demografische Veränderungen erklärbar, denn auch die altersstandardisierten Erkrankungsraten sind seit 1970 bis etwa zur Jahrtausendwende angestiegen. Je nach Krebsart sind hier unterschiedliche Faktoren von Bedeutung" (aus dem Bericht zum Krebsgeschehen 2016, S. 24).

Für die nächsten Jahre wird also ein Anwachsen der Krebserkrankungen vorhergesagt, obwohl bei einigen Krebsarten sogar ein Rückgang möglich ist. In etlichen Altersklassen ist ebenso de facto ein Rückgang zu erwarten. Die Tatsache, dass insgesamt die Zahl der Krebserkrankungen weiter steigt, liegt vor allem daran, dass die Gesellschaft immer älter wird und daher mehr Menschen in den Altersklassen da sind, in denen Krebs häufiger auftritt. Früher sind viele Menschen erst gar nicht so alt geworden, weil sie schon im jüngeren Alter an anderen Ursachen gestorben sind.

Es könnte also zu folgendem Simpson-Paradoxon kommen: In jeder Altersklasse sinkt die Zahl der Krebserkrankungen, insgesamt steigt sie aber.

Vor gut 100 Jahren gab es im Zusammenhang mit Tuberkulose eine Simpson-Konstellation:

In Tab. 4.2 zur Sterblichkeit aufgrund von Tuberkulose in New York und Richmond aus dem Jahre 1910 begegnet uns folgendes Simpsonsche Paradoxon (Székely 1990, S. 63, 75 und 133).

Was soll man daraus folgern?

- „Bist du weiß, gehe nach Richmond.
- Bist du farbig, gehe ebenfalls nach Richmond.
- Bist du weiß oder farbig, dann bleibe in New York."

So jedenfalls die Deutung von Timm Grams in „Klüger Irren- Denkfallen mit System" (2016).

Tab. 4.2 Tuberkulose-Fälle in New York und Richmond im Jahr 1910

	Bevölkerung		Todesfälle		Sterberate	
	New York	Richmond	New York	Richmond	New York	Richmond
Weiß	4.675.174	80.895	8365	131	0,00179	0,00162
Farbig	91.709	46.733	513	155	0,00560	0,00332
Gesamt	4.766.883	127.628	8878	286	0,00186	0,00224

Ordnen von Brüchen

5

Das Ordnen von Brüchen wurde schon beim Vergleich der Steigungen angesprochen. Für Brüche mit positivem Nenner und Zähler gilt: $\frac{a}{b} < \frac{c}{d}$ genau dann, wenn $ad < bc$. Diese kann durch Bringen auf den Hauptnenner und anschließendes Vergleichen der Zähler erkannt werden oder indem man die Ungleichung mit dem Hauptnenner $(b \cdot d)$ durchmultipliziert. Bei der Frage, welche Summe oder Produkte größer oder kleiner als 1 sind, haben Sie sicher schon einige Vergleiche zwischen Brüchen angestellt. Dass das Produkt vom Zähler des einen Bruchs mit dem Nenner des anderen Bruchs eine Rolle spielt, kann dadurch eingesehen werden, dass wenn zwei Brüche zunächst gleichwertig sein sollten, der einen größer wird, wenn er einen größeren Zähler erhält oder der Vergleichspartner durch einen größeren Nenner kleiner wird.

Da es insgesamt unendlich viele Brüche gibt und zwischen zwei (Bruch-) Zahlen (mögen sie auch noch so nahe beieinander liegen) immer unendlich viele Brüche liegen, kann man sie schlecht der Reihe nach auf dem Zahlenstrahl anordnen. Und doch gibt es Hilfen.

Zunächst will ich der Behauptung, dass es unendlich viele Brüche zwischen zwei Zahlen gibt, nachgehen: wie finden Sie eine Zahl, die zwischen zwei Brüchen $\frac{a}{b}$ und $\frac{c}{d}$ liegt?

Nehmen wir konkret $\frac{2}{3}$ und $\frac{3}{4}$. Es handelt sich mal wieder um minimal benachbarte Brüche, denn $\frac{2}{3} = \frac{8}{12}$ und $\frac{3}{4} = \frac{9}{12}$. Was kann also dazwischen sein? Zum einen der (arithmetische) Mittelwert: $\frac{17}{24}$ (was auch Zähler + Zähler durch Nenner + Nenner entspricht, nachdem man beide auf den Hauptnenner gebracht hat). Oder im Sinne des „Schorle-Beweises" $\frac{5}{7}$ oder $\frac{11}{16}$ oder $\frac{11}{15}$ oder $\frac{7}{10}$ oder …

Erweitern Sie dazu $\frac{2}{3}$ oder $\frac{3}{4}$ oder beide und addieren Sie wieder Zähler + Zähler durch Nenner + Nenner.

© Springer Fachmedien Wiesbaden GmbH 2018
R. Motzer, *Brüche, Verhältnisse und Wurzeln*, essentials,
https://doi.org/10.1007/978-3-658-20370-2_5

Und wenn Sie Lust haben, ordnen Sie die Brüche, die Sie erhalten, nach der Größe. Welche Brüche liegen näher an $\frac{2}{3}$, welche n ä her an $\frac{3}{4}$? Es kommt immer auf das „Gewicht" an, das Sie den beiden Brüchen geben, also welchen Bruch erweitern Sie mit einer größeren Zahl?

Eine weitere Möglichkeit, viele Brüche zwischen zwei Zahlen zu finden, wäre das Umwandeln in Dezimalzahlen: $\frac{2}{3} = 0{,}6666 \ldots$ und $\frac{3}{4} = 0{,}75$ (Vgl. dazu auch Kap. 6). Dazwischen liegen folglich $0{,}67 = \frac{67}{100}$ oder 0,68 oder 0,69 oder 0,7 oder $0{,}722225678 = \frac{722.225.678}{1.000.000.000}$ usw.

Sie sehen, es gibt wirklich viele Möglichkeiten. Die Auswahl ist sehr groß (es gibt unendlich viele Brüche zwischen zwei Brüchen).

Wir können trotzdem mal anfangen, Brüche auf dem Zahlenstrahl zu ordnen. Nehmen wir uns mal die Zahlen zwischen 0 und 1 vor. Und fangen wir mit kleinen Nennern an (die Zähler bleiben dann auch entsprechend klein):

Man sieht, es kommen hier nur gekürzte Brüche vor. In der zuletzt aufgeschriebenen Reihe fehlen nur noch $\frac{1}{6}, \frac{1}{7}, \frac{1}{8}, \frac{5}{6}, \frac{6}{7}, \frac{7}{8}$, dann hätte man alle Brüche, deren Nenner maximal 8 ist. Man kann sich gut vorstellen, wann diese sechs Brüche im Lauf der nächsten drei Reihen auftauchen werden.

In der nächsten Reihe wird der größte auftretende Nenner die Zahl 13 sein, dann 21, dann 34.

Wir kennen diese Zahlen schon, es sind die Fibonacci-Zahlen.

Entsprechend ist auch der Stern-Brocot-Baum aufgebaut (vgl. Bates et al. 2010).

Auch für Zahlen >1 kann man die Brüche entsprechend erzeugen. Wenn man alle Zahlen bis 2 nimmt, schaut die Darstellung ganz ähnlich aus:

$$0 = \frac{0}{1} \;\text{------------------------}\; 1 = \frac{1}{1} \;\text{------------------------}\; 2 = \frac{2}{1}$$

Wir fügen wieder „Schorle-Summen" ein:

$$0 \;\text{------------}\; \frac{1}{2} \;\text{------------}\; 1 \;\text{------------}\; \frac{3}{2} \;\text{------------}\; 2$$

$$0 \;\text{----}\; \frac{1}{3} \;\text{----}\; \frac{1}{2} \;\text{----}\; \frac{2}{3} \;\text{----}\; 1 \;\text{----}\; \frac{4}{3} \;\text{----}\; \frac{3}{2} \;\text{----}\; \frac{5}{3} \;\text{----}\; 2$$

$$0 \;\text{--}\; \frac{1}{4}\; \frac{1}{3}\; \frac{2}{5}\; \frac{1}{2}\; \frac{3}{5}\; \frac{2}{3}\; \frac{3}{4} \;\text{--}\; 1 \;\text{--}\; \frac{5}{4}\; \frac{4}{3}\; \frac{7}{5}\; \frac{3}{2}\; \frac{8}{5}\; \frac{5}{3}\; \frac{7}{4} \;\text{--}\; 2$$

$$0 - \frac{1}{5}\; \frac{1}{4}\; \frac{2}{7}\; \frac{1}{3}\; \frac{3}{8}\; \frac{2}{5}\; \frac{3}{7}\; \frac{1}{2}\; \frac{4}{7}\; \frac{3}{5}\; \frac{5}{8}\; \frac{2}{3}\; \frac{5}{7}\; \frac{3}{4}\; \frac{4}{5}\; 1 - \frac{6}{5}\; \frac{5}{4}\; \frac{9}{7}\; \frac{4}{3}\; \frac{11}{8}\; \frac{7}{5}\; \frac{10}{7}\; \frac{3}{2}\; \frac{11}{7}\; \frac{8}{5}\; \frac{13}{8}\; \frac{5}{3}\; \frac{12}{7}\; \frac{7}{4}\; \frac{9}{5}\; 2$$

Dezimalbrüche 6

6.1 Endliche Dezimalbrüche

Vielen Menschen sind Dezimalbrüche vertrauter als gewöhnliche Brüche. Kommazahlen kommen im Alltag häufiger vor, bei Preisen mit zwei Kommastellen im Grunde ständig. Kommazahlen haben gegenüber gewöhnlichen Brüchen den Vorteil, dass man sie im Stellenwertsystem darstellen und damit auch viel leichter der Größe nach ordnen kann (vgl. Abb. 6.1).

Wenn anders als bei Geldwerten die Zahl der Nachkommastellen variiert werden, gibt es durchaus mehrere Fehlvorstellen, z. B. dass das Komma die Zahl in zwei Teile teilt, die man getrennt vergleichen oder bearbeiten könnte.

Z. B. 1,3 < 1,25 (da 3 < 25). Oder 1,3 + 1,25 = 2,28.

Der Eintrag in die Stellenwerttafel kann helfen, diese Fehler zu durchschauen (vgl. Abb. 6.2).

Die 3 sind Zehntel, ebenso die 2 direkt hinter dem Komma. Die 5 sind Hundertstel und daher muss man die 3 und die 2 addieren, nicht die 3 zur 25. 1,3 könnte man auch als 1,30 schreiben.

Handelt es sich um Längenangaben, so ist 1,3 m dasselbe wie 1 m und 30 cm. 1,25 m ist analog 1 m und 25 cm und beide Einheiten können getrennt addiert werden.

1,8 + 1,25 führt so zu 1 m 80 cm + 1 m 25 cm = 2 m 105 cm = 3 m 5 cm = 3,05 m. Somit wäre sowohl die Lösung 2,33 als auch 2,105 falsch.

Zum Addieren und Subtrahieren ist es also sinnvoll die beiden Zahlen auf die gleiche Anzahl an Nachkommastellen zu bringen. Danach kann man gegebenenfalls auch schriftlich rechnen.

Bei der Subtraktion kann man sich fragen, ob es je nach Zahlenmaterial günstiger ist abzuziehen oder zu ergänzen.

© Springer Fachmedien Wiesbaden GmbH 2018
R. Motzer, *Brüche, Verhältnisse und Wurzeln*, essentials,
https://doi.org/10.1007/978-3-658-20370-2_6

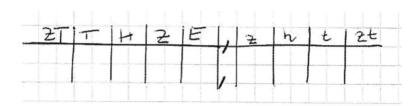

Abb. 6.1 Eine Stellenwerttafel für Dezimalzahlen

Abb. 6.2 Dezimalzahlen
eingetragen in die
Stellenwerttafel

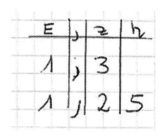

Als Beispiel für eine Kopfrechenstrategie:

$1,15 - 0,3 = 1,15 - 0,30 = 1,00 - 0,15$ (auf ein glattes Zwischenergebnis bringen) $= 0,85$ (das eine Ganze in 100 Teileinheiten zerlegen und davon 15 abziehen).

$1,15 - 0,90$: Von 0,9 bis 1 fehlen 0,1. Bis 1,15 sind es dann $0,1 + 0,15 = 0,25$.

Liegen die beiden Zahlen (man nennt sie auch Minuend und Subtrahend) nahe beieinander, so empfiehlt es sich oft zu ergänzen.

Ebenso empfiehlt sich dies, wenn der Minuend ein glatter Wert ist. Manche Verkäuferin rechnet noch so und verlässt sich nicht nur auf den Wert des Rückgeldes, den die Kasse anzeigt:

$20,00 € - 11,85 € = 5$ ct $+ 10$ ct $+ 3 € + 5 € = 8,15 €$. Jemand hat für 11,85 € eingekauft und zahlt mit einem 20 €-Schein. Die Verkäuferin sagt „elf-neunzig, zwölf, fünfzehn, zwanzig" und gibt entsprechend 5 ct, 10 ct, 3 € (als ein 2 €- und ein 1 €-Stück) und einen Fünfer-Schein zurück.

Dadurch könnte dem Kunden klar werden, dass er im Laden kein Geld verloren hat. Es ist zwar das Geld im Geldbeutel weniger geworden, aber er hat Waren im Wert von 11,85 € in der Tasche und 8,15 € im Geldbeutel, was zusammen die 20 € ausmacht, mit denen er in den Laden gekommen ist.

Wenn er freilich dann die Waren isst und trinkt, ist sein Vermögen doch geringer geworden – oder nur in eine andere Form der Energie überführt worden?

Um die Multiplikation von Dezimalzahlen zu verstehen, kann man ebenfalls oft auf Größen zurückgreifen. Wieder bieten sich die Längen an, da man z. B. Gewichte nicht miteinander multiplizieren kann (man kann sie nur vervielfachen. Ein Faktor müsste also ohne Benennung sein). Multipliziert man zwei Längen, erhält man einen Flächeninhalt (der zugehörigen Rechteckfläche).

$1,15\,\mathrm{m}\,\cdot\,1,3\,\mathrm{m}$ gibt den Flächeninhalt des zugehörigen Rechtecks in m^2 an (wie viel m^2 passen in diese Fläche). Stellt man sich das Rechteck vor, sieht man schon, dass nur ein ganzer Quadratmeter rein passt und der Rest nur noch durch Anteile von Quadratmeter ausgefüllt wird.

Zu beachten ist jedenfalls, dass zu dem einen Quadratmeter nicht nur ein Rechteck mit den Seitenlängen 15 cm und 30 cm dazukommt. Würde man auf die Idee kommen, die Zahl in zwei Teile (vor dem Komma, nach dem Komma) zu zerlegen und diese getrennt zu berechnen, so würde man dabei zwei Teilrechtecke übersehen. Zur Verdeutlichung ist eine bildliche Darstellung hilfreich (vgl. Abb. 6.3).

$$1,15\,\mathrm{m}\,\cdot\,1,3\,\mathrm{m} = 115\,\mathrm{cm}\,\cdot\,130\,\mathrm{cm}$$
$$= 100\,\mathrm{cm}\,\cdot\,100\,\mathrm{cm} + 100\,\mathrm{cm}\,\cdot\,30\,\mathrm{cm} + 15\,\mathrm{cm}\,\cdot\,100\,\mathrm{cm} + 15\,\mathrm{cm}\,\cdot\,30\,\mathrm{cm}$$
$$= 10.000\,\mathrm{cm}^2 + 3000\,\mathrm{cm}^2 + 1500\,\mathrm{cm}^2 + 450\,\mathrm{cm}^2 = 14.950\,\mathrm{cm}^2 = 1,4950\,\mathrm{m}^2.$$

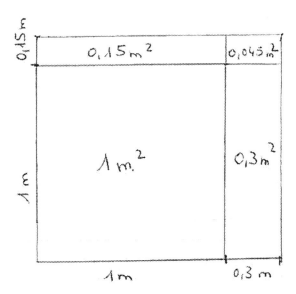

Abb. 6.3 Multiplikation von Dezimalzahlen gedeutet als Rechteckfläche

Dazu muss man eine Ahnung vom Umrechnen von cm² in m² haben (Umrechnungs-
zahl: 100 · 100 = 10.000). Oder vorher darüber nachgedacht haben, dass 1, ... m²
rauskommen müssen.

Es ergeben sich bei dieser Aufgabe also fast eineinhalb Quadratmeter.

Interessant könnte es auch sein sich die Quadrate von Kommazahlen anzu-
schauen. Nehmen wir speziell die Zahlen zwischen 1 und 2 mit einer Nachkommastelle:

$1,1^2 = 1,21; 1,2^2 = 1,44; 1,3^2 = 1,69; 1,4^2 = 1,96; 1,5^2 = 2,25;$
$1,6^2 = 2,56; 1,7^2 = 2,89; 1,8^2 = 3,24; 1,9^2 = 3,61.$

Was fällt auf? Z. B.: Alle Zahlen liegen zwischen 1 und 4. Alle haben zwei
Nachkommastellen. Bei $1,4^2$ ist schon fast die 2 erreicht. Mehr als 3 ergibt sich
bei $1,8^2$.

Wie viel Stellen hat das Quadrat einer Zahl mit zwei Nachkommastellen? Bsp.
$1,11^2 = 1,2321.$

Sind es immer vier Stellen? Ja, denn bei einem Quadrat wird die letzte Stelle
nie 0, wenn die Zahl nicht auf 0 endet. Also verdoppelt sich die Anzahl der Nachkommastellen immer.

Folglich kann es auch nie eine Dezimalzahl mit endlich vielen Nachkommastellen geben, deren Quadrat genau 2 oder genau 3 ist.

Wenn es keinen endlichen Dezimalbruch gibt, der im Quadrat eine glatte 2
oder 3 ergibt, kann es dann einen gewöhnlichen Bruch geben? Nehmen Sie an,
$\frac{a}{b}$ ist ein gekürzter Bruch. Das Quadrat $\frac{a^2}{b^2}$ ist dann auch ein gekürzter Bruch, weil
keine neuen Primfaktoren ins Spiel kommen, durch die man kürzen könnte (vgl.
dazu Kap. 8).

Die Anzahl der Nachkommastellen beim Multiplizieren ergibt sich normalerweise als Summe der Anzahl der beiden Faktoren.

Als Ausnahme könnte man die Ergebnisse sehen, die auf 0 enden und daher
verkürzt geschrieben werden können. Bsp. 1,2 · 1,5 = 1,80 = 1,8.

Wann kann so etwas passieren: Nur dann, wenn der eine Faktor mit der Ziffer
5 endet und der andere mit einer geraden Ziffer. Die Endziffer ist nämlich immer
das Produkt der Endziffern der beiden Faktoren.

(Klar, warum? Stellen Sie sich vor, Sie berechnen das Ergebnis schriftlich!)
Insgesamt kann also festgehalten werden, dass weder ein gewöhnlicher Bruch
noch eine Dezimalbruch zum Quadrat genommen eine glatte 2 oder 3 ergeben
kann.

Und wie ist es mit der Division von endlichen Dezimalbrüchen: 1,2:1,5 = ?

Die Deutung als Längenangaben ergibt: 1,2 m:1,5 m = 12 dm:15 dm = 12:15 =
$\frac{12}{15} = \frac{4}{5} = 0,8.$

Eine Umrechnung in cm ergäbe: 1,2 m:1,5 m = 120 cm:150 cm = 0,8.

Bei der Division von endlichen Dezimalbrüchen muss sich nicht unbedingt ein endlicher Dezimalbruch ergeben: 1,2 m:1,8 m $= 12\!:\!18 = \frac{12}{18} = \frac{2}{3}$.

Wir kommen also nicht umhin, uns Gedanken über den Zusammenhang zwischen gewöhnlichen Brüchen und Dezimalbrüchen/Dezimalzahlen zu machen.

6.2   Unendliche Dezimalzahlen

Bisher hab ich die Begriffe „Dezimalzahl" und „Dezimalbruch" synonym verwendet. Bei Zahlen mit endlich vielen Nachkommastellen sind die Begriffe auch synonym.

Jede Dezimalzahl mit endlich vielen Nachkommastellen kann man als Bruch schreiben:

$2{,}34567 = 2\,\frac{34.567}{100.000} = \frac{234.567}{100.000}$. Im Nenner steht die zugehörige Zehnerpotenz,

also eine 1 gefolgt von so vielen Nullen, wie es Nachkommastellen gibt.

Bei der Division von endlichen Dezimalzahlen könnte man formal einen Bruch schreiben und dann den Bruch so erweitern, dass keine Kommas mehr auftreten:

$2{,}34.567\!:\!12{,}456 = \frac{2{,}34.567}{12{,}456} = \frac{234.567}{1.245.600}$ (es wurde mit 10.000 erweitert).

Aber wäre das Ergebnis eine endliche Dezimalzahl? Wohl kaum. Denn das ist nur der Fall, wenn nach dem Kürzen des Bruches der Nenner eine Zehnerpotenz ist oder der Bruch durch Erweitern auf eine Zehnerpotenz gebracht werden kann. Da Zehnerpotenzen nur die Primfaktoren 2 und 5 besitzen, ist dies nur der Fall, wenn der gekürzte Bruch im Nenner nur 2er- und 5er-Potenzen erhält.

Beispiel: $\frac{12}{75} = \frac{4}{25} = \frac{16}{100} = 0{,}16$. Der Nenner nach dem Kürzen ist 5^2 und kann daher mit 2^2 auf die Zehnerpotenz 10^2 erweitert werden.

Enthält der Nenner (nach dem Kürzen) noch andere Primfaktoren außer 2 und 5, so gibt es keinen zugehörigen endlichen Dezimalbruch.

Durch schriftliche Division mit Anhängen weiterer Nachkommastellen kann ein periodischer Dezimalbruch erhalten werden:

$$2\!:\!3 = 0{,}666\ldots$$
$$20$$
$$\underline{18}$$
$$20$$
$$\underline{18}$$
$$20 \quad \ldots.$$

Nicht immer wiederholt sich die Ziffer sofort. Eventuell fängt die Wiederholung auch erst später an und besteht aus einer Ziffernfolge. Da es beim Teilen durch eine Zahl n aber nie mehr als n − 1 verschiedene Reste geben kann, ist die Periode höchstens n − 1- Stellen lang.

Beispiel :   17:14 = 1,3142857 142857 ....

30

20

60

40

120

80

100

20

Man sieht, die erste Nachkommastelle (3) wiederholt sich nicht, die nächsten sechs werden sich wiederholen. Da 14 eine gerade Zahl ist, sind, wenn Vielfache von 14 von Zehnerzahlen abgezogen werden, nur gerade Reste möglich. 3 kann also als Rest nicht mehr auftauchen. Die geraden Reste 2, 4, 6, 8, 10 und 12 tauchen in diesem Fall alle auf.

Zu Brüchen, deren Nenner (in gekürzter Form) nicht nur die Primfaktoren 2 und 5 enthalten, gibt es also einen unendlichen, periodischen Dezimalbruch. Wenn man noch genauer hinschaut, so könnte man nachweisen, dass es ein reinperiodischer Dezimalbruch wird (die Periode beginnt direkt nach dem Kommazeichen), wenn der Nenner die Faktoren 2 und 5 gar nicht enthält. Gemischt periodisch wird er, wenn sowohl die Faktoren 2 und/oder 5 und andere Primfaktoren enthalten sind (wie es bei der 14 der Fall war).

Jetzt könnte man sich vorstellen, dass man auch unendliche Dezimalzahlen angibt, deren Nachkommastellen sich nicht periodisch wiederholen.

z. B. 0,10100100010000100001 … (immer ein 0 mehr bis die nächste 1 kommt).

Zu dieser Dezimalzahl kann kein Bruch gehören, da Brüche immer zu endlichen oder periodischen Dezimalbrüchen führen (vgl. Kap. 8). Es handelt sich somit nicht um einen Dezimalbruch.

Zuletzt soll noch die Frage behandelt werden, wie man einen periodischen Dezimalbruch in einen gewöhnlichen Bruch umwandelt.

Beispiel: $1{,}23454545\ldots = 1{,}23 + 0{,}01 \cdot 0{,}454545\ldots$ (Aufteilen in den nicht-periodischen und den periodischen Teil).

Sei nun $x = 0{,}454545\ldots$, dann ist $100 \cdot x = 45{,}454545\ldots$.

Voneinander abgezogen ergibt sich $99 \cdot x = 45$, somit $x = \frac{45}{99} = \frac{5}{11}$.

Damit ist $1{,}23454545\ldots = \frac{123}{100} + \frac{1}{100} \cdot \frac{5}{11} = \frac{1353+5}{1100} = \frac{1358}{1100}$.

Und wenn man sich nicht ganz sicher ist, ob es denn erlaubt ist, mit „…‑Zahlen" so zu rechnen, dass man sie voneinander abziehen kann? Dann kann man die Vermutung, dass es sich um die Zahl $\frac{1353}{1100}$ handeln könnte, ja nachrechnen, indem man $1358:1100$ schriftlich ausrechnet.

Prozentrechnen 7

Neben gewöhnlichen Brüchen und Dezimalbrüchen begegnet man im Alltag häufig Prozentangaben. Preisnachlässe werden im Schaufenster meist durch große Prozentzeichen angedeutet – und das Unterbewusstsein ist sofort begeistert von einem möglichen Schnäppchen.

Statt mit „20 %- Nachlass" könnte der Laden auch mit „$\frac{1}{5}$ – Nachlass" werben. Man könnte damit die Reduktion vermutlich noch schneller errechnen, aber es wäre trotzdem für unser Auge ein ungewohnter Anblick. Prozente werden verwendet, weil man mit Zahlen zwischen 0 und 100 meist besser umgehen kann als mit 0, … – Zahlen oder mit gewöhnlichen Brüchen.

Es ist freilich nichts Geheimnisvolles am Prozentrechnen, denn % heißt nichts anderes als $\frac{1}{100}$ („pro centum", d. h. pro Hundert).

$$20\,\% = 20 \cdot \frac{1}{100} = \frac{20}{100} = \frac{1}{5}.$$

Hat man noch kleinere Zahlen (z. B. den Alkoholgehalt im Blut), so verwendet man „Promille" (pro Tausend) $\text{‰} = \frac{1}{1000}$.

Es gibt beim Prozentrechnen die schöne Formel:

$\boxed{\text{Prozentwert} = \text{Grundwert} \cdot \text{Prozentsatz}}$ bzw. $P = G \cdot \frac{p}{100} = G \cdot p\,\%$. Diese Formel könnte man je nach Bedarf nach G oder p auflösen.

Man kann sich den Zusammenhang aber auch anders merken.

$\frac{P}{G}$ ist der Anteil des Prozentwerts am Grundwert als Bruchteil geschrieben. Mit $1 = 100\,\%$ multipliziert ist man beim Prozentsatz.

Beispiel: Eine Ermäßigung von 34 € bei einem Preis von 200 € ist eine Ermäßigung um den Anteil $\frac{34}{200}$, d. h. um $\frac{17}{100} = 17\,\%$.

© Springer Fachmedien Wiesbaden GmbH 2018
R. Motzer, *Brüche, Verhältnisse und Wurzeln*, essentials,
https://doi.org/10.1007/978-3-658-20370-2_7

Weiß man andererseits, dass es eine Ermäßigung um 17 % geben soll, so ergibt sich bei 200 €:

$$200 \, € \cdot 17\% = 200 \, € \cdot \frac{17}{100} = 34 \, €.$$

Dass der Grundwert gesucht ist und der Prozentwert bekannt ist, ist z. B. bei der Berechnung des Nettopreises ohne Mehrwertsteuer der Fall. Mit Mehrwertsteuer zahlt man 119 % des Grundwertes (= Nettopreises). Kostet also etwas mit Mehrwertsteuer 238 €, so könnte man die Gleichung:

238 € = G $\cdot \frac{119}{100}$ lösen, indem man 238 € $\cdot \frac{100}{119} = 200$ € rechnet. Man könnte auch den Dreisatz:

119 % kosten 238 €.

100 % kosten …. €.

lösen, indem man beide Seiten erst durch 119 teilt und schließlich mit 100 multipliziert:

1 % kostet 2 €.

100 % kosten 200 €.

Das größte Problem beim Prozentrechnen ist oft die Frage, was der zugehörige Grundwert ist.

In der vorherigen Aufgaben waren die 238 € nicht der Grundwert, sondern der Prozentwert. Der Grundwert war gesucht.

Wenn es eine Verknüpfung von (mindestens) zwei Bedingungen gibt, muss man ganz genau hinschauen. Als Beispiel sei eine (fiktive) Befragung einer kleinen Gruppe von Männern und Frauen aufgezeigt, ob sie sich für Fußball interessieren. Die Ergebnisse der Befragung kann man in eine Vierfeldertafel schreiben (siehe Tab. 7.1).

In dieser Gruppe sind 13 von 35 (= $\frac{13}{35}$ = 37, .. %) Frauen **und** interessieren sich für Fußball.

Von den 20 **Frauen** interessieren sich 13 (= $\frac{13}{20}$ = 65 %) für Fußball.

Unter den **Fußballinteressenten** sind hier 13 (= $\frac{13}{25}$ = 52 %) Frauen.

Tab. 7.1 Beispiel einer Vierfeldertafel

	Frauen	Männer	
Interessieren sich für Fußball	13	12	25
Interessieren sichnicht für Fußball	7	3	10
	20	15	35

Man muss also genau hinschauen. Die gleichen 13 Frauen (Prozentwert) werden einmal auf den Grundwert aller Befragten (35) bezogen, einmal auf alle Frauen (20) und einmal auf alle Fußballinteressierten (25).

Wie man vom Prozentsatz, der sich auf einen Grundwert bezieht, zu einem anderen Grundwert rechnen kann, wird im Kapitel zur Bedingten Wahrscheinlichkeit behandelt (Abschn. 9.2).

Noch ein Beispiel: Laut Berichten der UNO sind ca. $\frac{1}{4}$ aller Erwachsenen weltweit Analphabeten. $\frac{2}{3}$ davon sind Frauen. Welcher Anteil aller Erwachsenen sind somit weiblich und Analphabet? Welcher Anteil der Frauen sind Analphabeten? (Was würden Sie rechnen?).

$\frac{1}{4} \cdot \frac{2}{3} = \frac{1}{6}$ ist die Antwort auf was?

Gehen wir davon aus, dass es etwa gleich viele Männer und Frauen gibt.

$\frac{1}{6} : \frac{1}{2} = \frac{1}{3}$ ist dann die Antwort worauf?

$$\left(\text{„}\frac{1}{6}\text{ aller Menschen" ist welcher Anteil von der Hälfte aller Menschen?}\right)$$

Nun ein Vergleich zur Verwendung von Prozentzahlen und absoluten Zahlen: In den ersten Tagen des Jahres 2017 war in den Zeitungen zu lesen, das Silvesterfeuerwerk habe eine so große Feinstaubbelastung erzeugt wie 15 % des gesamten Straßenverkehrs in einem Jahr. Andernorts hieß es, es sei so viel gewesen wie zwei Monate Straßenverkehr. Passen beide Angaben zusammen. Welche finden Sie erschreckender?

Noch ein interessantes Phänomen bei Brüchen und Prozentzahlen:

Menschen verwechseln oft den Bruch $\frac{1}{4}$ mit 4 % oder 40 %. Analoges gilt für $\frac{1}{6}$ als 6 % oder 60 %.

Dabei sind 60 % mehr als 40 %, während $\frac{1}{6}$ kleiner ist als $\frac{1}{4}$. Aber manchmal kann man die Zahlen vertauscht gebrauchen: In Österreich machen derzeit ca. $\frac{1}{6}$ der Jungen eines Jahrgangs Matura an der AHS (Allgemeinbildenden Höheren Schule) und ca. $\frac{1}{4}$ der Mädchen. Inhaltliche Anmerkung: an der BHS (berufsbildenden höheren Schule) ungefähr ebenso viele – sogar noch ein paar mehr.

Mathematisch zurück zu den AHS-Zahlen: Da es in einem Jahrgang ungefähr gleich viele Jungen wie Mädchen gibt, sind 60 % der AHS-Maturanten Mädchen und 40 % Jungen.

Wie kommt es, dass die Ziffern 4 und 6 tauschen?

$\frac{1}{4} = \frac{6}{24}$ und $\frac{1}{6} = \frac{4}{24}$. Also ist das Verhältnis von Mädchen zu Jungen 6:4, d. h. von 100 Maturanten sind 60 Mädchen und 40 Jungen.

Das gleiche Phänomen der vertauschten Ziffern würde auftauchen, wenn es $\frac{1}{3}$ und $\frac{1}{7}$ wären (dann ergeben sich 70 % und 30 %).

Irrationale Zahlen

8

8.1 Wurzelziehen

Irrationale Zahlen sind uns in diesem Büchlein schon mehrmals begegnet, allerdings nur am Rand. Wir haben beispielsweise festgestellt, dass Wurzeln aus natürlichen Zahlen, die keine Quadratzahlen sind, keine Brüche sein können. Wenn man einen Bruch nicht mehr kürzen kann, kann man sein Quadrat auch nicht kürzen (vgl. Abschn. 6.1).

Die Aufgabe, ein Quadrat so in zwei Dreiecke und zwei Trapeze zu zerlegen wie in Abschn. 4.2, dass die zusammengesetzte Figur genau ein Rechteck ausfüllt, lässt sich ebenfalls nicht durch Brüche lösen.

Auch haben wir festgestellt, dass es Dezimalzahlen mit unendlich vielen Nachkommastellen gibt, die keinen Bruch darstellen. Dies sind Dezimalzahlen, deren Nachkommastellen sich nicht periodisch wiederholen. Hier ein weiteres Beispiel: 1,234567891011121314 …

Es gibt keinen Mechanismus, wie man alle solche Zahlen finden kann. Man kann sie also nicht in eine Reihenfolge bringen. Daher nennt man die Menge der irrationalen Zahlen auch überabzählbar.

Es gibt auch kein Erzeugungssystem, wie man aus Paaren von natürlichen Zahlen oder aus Paaren von ganzen Zahlen oder von Brüchen alle irrationalen Zahlen erzeugen kann (was analog dazu sein könnte, dass Brüche aus zwei Zahlen, dem Zähler und dem Nenner gebildet werden).

Ein Erzeugungsmechanismus für das Finden einer konkreten irrationalen Zahl ist das Bilden einer Intervallschachtelung. Man nähert sich von links und von rechts beliebig gut an die Zahl an, sodass der Abstand von linker und rechter Grenze gegen Null geht.

© Springer Fachmedien Wiesbaden GmbH 2018
R. Motzer, *Brüche, Verhältnisse und Wurzeln,* essentials,
https://doi.org/10.1007/978-3-658-20370-2_8

Als Beispiel sei das **Heronverfahren** für Wurzel aus 2 vorgestellt (allgemein für die Wurzel aus einer natürlichen Zahl a, die keine Quadratzahl ist). Es wurde um 100 n. Chr. von Heron von Alexandria im ersten Buch seines Werkes *Metrica* beschrieben, lässt sich aber schon in die Zeit von Hammurabi I. (ca. 1750 v. Chr.) zurückverfolgen.

Zunächst sieht man, dass der Wert für Wurzel 2 (bzw. für Wurzel a) zwischen 1 und 2 (bzw. a) liegen muss.

Um der Zahl näherzukommen, kann man mal die Mitte nehmen: 1,5 (bzw. $\frac{a+1}{2}$). Die Wurzel ist etwas kleiner als diese Mitte, denn $1,5^2 = 2,25 > 2$ (bzw. $\left(\frac{a+1}{2}\right)^2 = \frac{a^2 + 2a + 1}{4} > \frac{2a + 2a}{4} = a$, wenn $a > 2$).

Was nehmen wir nun als Näherungswert von unten? Die Zahl, die mit 1,5 multipliziert 2 ergibt (bzw. mit $\frac{a+1}{2}$ den Wert a). Wir erhalten $\frac{2}{1,5} = \frac{4}{3}$ (bzw. $\frac{a}{\frac{a+1}{2}} = \frac{2a}{a+1}$).

Dieser Wert ist kleiner als die Wurzel, denn das Produkt der beiden Näherungswerte ist genau 2 (bzw. a). Der untere Wert wurde also bewusst so gewählt.

Wir haben zunächst mit 1 und 2 (bzw. a), dann mit $\frac{4}{3}$ und $\frac{3}{2}$ (bzw. $\frac{2a}{a+1}$ und $\frac{a+1}{2}$) jeweils Paare von Zahlen gefunden, zwischen denen die Wurzel liegen muss.

Ein nächstes Paar können wir finden, wenn wir wieder die Mitte und $\frac{2}{Mitte}$ (bzw. $\frac{a}{Mitte}$) nehmen. Dabei ist wieder die Mitte die obere und $\frac{2}{Mitte}$ (bzw. $\frac{a}{Mitte}$) die untere Grenze.

Hier die nächsten Paare für die Wurzel aus 2:

Im nächsten Schritt rechnen wir wieder die Mitte der beiden vorhergehenden Grenzen aus:
$\left(\frac{4}{3} + \frac{3}{2}\right):2 = \frac{17}{12}$ und $2:\frac{17}{12} = \frac{24}{17}$ (Wie weit sind die Werte auseinander? $\frac{24}{17} = \frac{288}{204}$ und $\frac{17}{12} = \frac{289}{204}$. Man sieht, die Brüche sind wieder einmal minimal benachbart. Das waren $\frac{4}{3}$ und $\frac{3}{2}$ auch. Man könnte nun zeigen, dass bei Fortsetzung dieses Näherungsverfahrens für $\sqrt{2}$ auch in den folgenden Schritten so sein wird, dass minimal benachbarte Brüche als Näherungen angegeben werden können).

Es folgen $\frac{816}{577}$ und $\frac{577}{408}$ (der Unterschied beträgt nur noch $\frac{1}{577 \cdot 408} = \frac{1}{235.416}$).

Den nächsten Näherungswert gibt der Taschenrechner nur noch gerundet an und wenn man diesen Rundungswert 1,414213562 quadriert, ergibt sich als Taschenrechneranzeige genau 2.

Die genauen Werte sind: $\frac{470.832}{1.331.714}$ und $\frac{665.857}{470.832}$.

Schauen wir uns noch das Beispiel a = 5 an.

Die Wurzel liegt zwischen 1 und 5.

Im nächsten Schritt ergibt sich $\frac{5}{3}$ und 3, dann $\frac{30}{14} = \frac{15}{7}$ und $\frac{14}{6} = \frac{7}{3}$, $\frac{105}{47}$ und $\frac{47}{21}$ (ein Unterschied von $\frac{4}{987}$). Man sieht, hier sind die Brüche zwar nicht mehr minimal benachbart, aber sie liegen trotzdem sehr eng beieinander. $\frac{4935}{2212}$ und $\frac{2212}{987}$ bilden das nächste Zahlenpaar und danach ergibt sich als Näherungswert 2,236073705 (verglichen mit dem Näherungswert 2,236067977, den der Taschenrechner für die Wurzel aus 5 angibt).

Man könnte das Verfahren auch mit den Näherungswerten 2 und $\frac{5}{2}$ beginnen, denn man weiß ja, dass $\sqrt{5}$ zwischen 2 und 3 liegt, also größer als 2 ist.

Dann ergäben sich die minimal benachbarten Brüche $\frac{20}{9}$ und $\frac{9}{4}$. Die nächsten Werte sind $\frac{360}{161}$ und $\frac{161}{72}$. Dann ergibt sich $\frac{115.920}{51.841}$ und $\frac{51.841}{23.184}$. Der kleinere Wert der beiden entspricht gerundet 2,236067977, also dem Taschenrechnerwert von $\sqrt{5}$, quadriert ergibt sich 4,999999998.

Statt die Näherung mit 1 und a zu beginnen, kommt man noch schneller ans Ziel, wenn man mit dem ganzzahligen Anteil der Wurzel beginnt.

Das Heronverfahren hat auch eine geometrische Deutung: die untere und obere Annäherung sind so gewählt, dass man sie als die Seitenlängen eines Rechtecks mit Flächeninhalt a betrachten kann. Das Produkt der beiden Seitenlängen gibt ja immer a. Durch die Näherungen werden die Seitenlängen immer ähnlicher, das Rechteck nähert sich also einem Quadrat. Gesucht ist genau die Seitenlänge eines Quadrats, dessen Flächeninhalt a beträgt.

8.2 Der goldene Schnitt

Auch bei der nächsten irrationalen Zahl geht es um ein Rechteck und ein Quadrat. Diesmal soll aus dem Quadrat ein flächengleiches Rechteck gewonnen werden. Sie erinnern sich an die Aufgabe, ein Quadrat so in zwei Dreiecke und Trapeze zu zerlegen, dass das Rechteck aus den Flächenstücken zusammengesetzt werden kann? (vgl. Abb. 8.1 und Abschn. 4.2)

Es muss also die Steigung $\frac{1-x}{1}$ (Steigung im Dreieck) genau gleich der Steigung $\frac{x-(1-x)}{x}$ (Steigung im Trapez oben) sein.

Damit ergibt sich die Gleichung $1 - x = \frac{2x-1}{x}$.

Mit x durchmultipliziert: $x - x^2 = 2x - 1$ und daraus $x^2 + x - 1 = 0$.

Die quadratische Lösungsformel führt zu $x = \frac{-1 \pm \sqrt{1^2 - 4(-1)}}{2}$. Da es sich um eine Länge handelt, entfällt die Minuslösung. $\frac{-1 + \sqrt{5}}{2}$ ist keine Bruchzahl, aber bekannt als der sogenannte „goldene Schnitt".

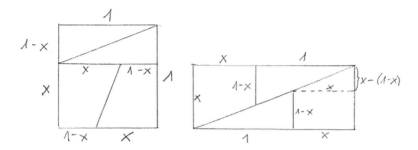

Abb. 8.1 Aufteilung eines Quadrats in ein flächengleiches Rechteck

Abb. 8.2 Aufteilung einer
Strecke im goldenen Schnitt

Der **goldene Schnitt** teilt eine Länge so, dass der längere Teil zum Gesamtteil
sich genauso verhält wie der kürzere Teil zum längeren (Abb. 8.2).

Somit $\frac{x}{1} = \frac{1-x}{x}$, wiederum mit x durchmultipliziert: $x^2 = 1 - x$ oder
$x^2 + x - 1 = 0$.

Den goldenen Schnitt findet man häufig in der Architektur, auch beim Menschen teilt der Bauchnabel den Körper oft im goldenen Schnitt (und die Knie
wiederum den unteren Teil und der Hals den oberen. Sie können ja mal bei sich
nachmessen. Vgl. z. B. die Zusammenstellung von Dr. Dr. Ruben Stelzner: Der
goldene Schnitt – Das Mysterium der Schönheit unter http://www.golden-section.
eu/home.html).

Der goldene Schnitt lässt sich gut durch das Verhältnis von aufeinanderfolgen-
den Fibonacci-Zahlen annähern.

Man betrachte sich dazu das goldene Rechteck (siehe Abb. 8.3), d. h. ein
Rechteck, dessen Seiten im Verhältnis des goldenen Schnitts stehen. Trennt man
in diesem Rechteck das Quadrat über der kleineren Seite ab (wird hier auf der
rechten Seite gemacht), so bleibt (links) wieder ein goldenes Rechteck übrig,
denn das Quadrat teilt die längere Seite im goldenen Schnitt, sodass die kürzere
Seite, die übrig bleibt, im Verhältnis zur anderen Seite des übrig gebliebenen
Rechtecks (welche dem längeren Teil entspricht) nach Definition wieder dem goldenen Schnitt entspricht. Und so kann man (theoretisch) unendlich lange weiter

Abb. 8.3 Spirale im
goldenen Rechteck

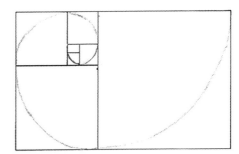

Abb. 8.4 Fibonacci-
Spirale

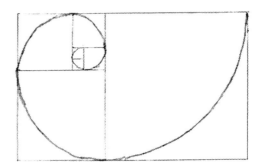

machen. Dass man unendlich lange weitermachen kann, spricht auch dafür, dass es keinen Bruch gibt, der das Verhältnis genau bestimmt.

Ähnlich wie bei der wunderbaren Flächenvermehrung sind $\frac{3}{5}$, $\frac{5}{8}$ und $\frac{8}{13}$ gute Näherungen für den goldenen Schnitt. Die Fibonacci-Spirale in einem Fibonacci-Rechteck hat daher viel Ähnlichkeit mit der goldenen Spirale im goldenen Rechteck. Nur ganz innen ist sie endlich und beginnt in 2 Quadraten mit einem Halbkreis (siehe Abb. 8.4).

Wahrscheinlichkeiten

9.1 Zugänge zu Wahrscheinlichkeiten

„Wahrscheinlichkeit hat immer etwas mit Ungewissheit zu tun" (Büchter und Henn 2004, S. 133). Je größer man eine Wahrscheinlichkeit angibt, desto gewisser scheint man sich zu sein.

Dabei gibt es mehrere Wege, zu solch einer Einstufung der (Un-)Gewissheit zu kommen.

Nach dem Mathematiker **Laplace** (1749–1827) sind die Wahrscheinlichkeiten benannt, die sich ergeben, wenn man eine Ergebnismenge mit endlich vielen gleich wahrscheinlichen Möglichkeiten hat. Der Anteil $\frac{g\ddot{u}nstige\ M\ddot{o}glichkeiten}{alle\ M\ddot{o}glichkeiten}$ gibt dann die Wahrscheinlichkeit des zugehörigen Ereignisses an. Wird mit einem normalen Würfel gewürfelt und man fragt, mit welcher Wahrscheinlichkeit eine durch 3 teilbare Zahl gewürfelt wird, so sind zwei Möglichkeiten günstig: 3 und 6. Insgesamt gibt es 6 Möglichkeiten, wie gewürfelt werden kann. Die gesuchte Wahrscheinlichkeit beträgt also $\frac{2}{6} = \frac{1}{3}$.

Eine wichtige Frage bei diesem Zugang zu Wahrscheinlichkeiten ist, wie man alle Möglichkeiten geeignet abzählen kann.

Nun hatte ich neulich einen Würfel, der auffallend oft die hohen Augenzahlen (4, 5 oder 6) angezeigt hat.

Die Wahrscheinlichkeit dafür wäre $\frac{3}{6} = \frac{1}{2} = 50\,\%$. Es war aber 18 von 30 mal der Fall. $\frac{18}{30} = \frac{6}{10} = 60\,\%$ ist in diesem Fall die **relative Häufigkeit** einer hohen Augenzahl.

Relative Häufigkeiten werden oft als Wahrscheinlichkeiten angesehen, wenn man keine anderen Daten hat. 30-mal Würfeln reicht allerdings noch nicht, um längerfristig über das Würfelverhalten dieses Würfels etwas zu sagen. Man müsste schon eine deutlich längere Versuchsreihe aufstellen.

© Springer Fachmedien Wiesbaden GmbH 2018   45
R. Motzer, *Brüche, Verhältnisse und Wurzeln*, essentials,
https://doi.org/10.1007/978-3-658-20370-2_9

Das Gesetz der großen Zahlen besagt: „Mit wachsender Versuchszahl stabilisiert sich die relative Häufigkeit eines beobachteten Ereignisses" (Büchter und Henn 2004, S. 145). Dazu muss das entsprechende Zufallsexperiment immer wieder unter den gleichen Vorrausetzungen durchgeführt werden.

Man müsste also mehrere hundertmal mit dem Würfel werfen, oder gar mehrere tausendmal, um zu sehen, ob bei ihm die theoretischen Wahrscheinlichkeiten nicht zutreffen, es sich also um einen sog. „gezinkten" Würfel handelt.

Zuletzt gibt es noch **subjektive** Wahrscheinlichkeiten („Ich bin mir zu 80 % sicher, dass diese Mannschaft das Spiel gewinnen wird".) Solche Wahrscheinlichkeiten erscheinen zunächst nicht allzu mathematisch. Da man seine subjektive Sicht aber durch Erfahrungen immer mal wieder der „Realität" anpasst, können solche Wahrscheinlichkeiten auch zu einem fundierten Urteil führen. Es handelt sich hierbei um den sogenannten Bayesschen Wahrscheinlichkeitsbegriff. Nach Bayes lassen sich aus a-priori-Wahrscheinlichkeiten durch zusätzliche Informationen a-posteriori-Wahrscheinlichkeiten berechnen. So kommt man passenden Einschätzungen näher (vgl. Büchter und Henn 2004, S. 183.).

9.2   Bedingte Wahrscheinlichkeit

Bei bedingten Wahrscheinlichkeiten kennt man schon Vorbedingungen, die zutreffen müssen. Unter diesen Vorbedingungen soll dann eine Aussage gemacht werden, wie es weitergehen könnte.

Es verhält sich so ähnlich wie mit der Frage nach der relativen Häufigkeit (dem Prozentsatz) in Abhängigkeit vom Grundwert.

Sie erinnern sich vielleicht noch an die Vierfeldertafel mit den Fußballfans. Wie viel Prozent der Frauen sind Fußballfans? Hier ist die Vorbedingung, dass es sich um eine Frau handelt. Bei der Frage, wie viel Prozent der Fußballfans Frauen sind, ist die Vorbedingung, dass es sich um Fußballfans handeln muss.

Besonders brisant wird so eine Frage, wenn es sich um eine Krankheitsuntersuchung handelt. Sagt ein positives Testergebnis bei einem Virus-Test schon aus, dass man den Erreger wirklich in sich trägt? Wie wahrscheinlich ist ein Fehlalarm? Bei häufig angewendeten Tests kennt man Wahrscheinlichkeiten für Fehldiagnosen bereits. Diese Werte sind Wahrscheinlichkeiten oder relative Häufigkeiten für Fehldiagnosen unter der Vorbedingung, dass jemand z. B. den Virus hat (bzw. dem Vorwissen, dass er ihn nicht hat).

Gefragt ist aber die Wahrscheinlichkeit unter der Bedingung, dass jemand ein positives Testergebnis erhält, also gerade der umgekehrte Fall, was das Vorwissen angeht.

Bsp. AIDS-Test

Die Prävalenz gibt an, welcher Teil der zu Untersuchenden vermutlich den Virus in sich trägt. In Deutschland nimmt man bzgl. AIDS an, dass etwa jeder 1000-ste den Virus in sich hat. Gehört man einer Risikogruppe an, ist die Prävalenz deutlich höher.

Die Sensitivität zeigt an, welcher Teil der Infizierten als solcher erkannt wird. Es handelt es sich hier um eine bedingte Wahrscheinlichkeit zum Vorwissen „die Person trägt den Virus in sich". Die Sensitivität sollte sehr hoch sein. Wir nehmen an, sie sei 99 %.

Die Spezifität sagt aus, welcher Teil der Nichtinfizierten als solcher erkannt wird. Auch diese bedingte Wahrscheinlichkeit sollte sehr hoch sein. Wir nehmen wieder 99 % an.

Wie wahrscheinlich ist es, dass jemand, der ein „positives" Testergebnis erhält, wirklich den Virus ins sich trägt?

Wir betrachten 100.000 Menschen, die den Test machen, und schauen, welche Testergebnisse **zu erwarten** sind (nicht, dass es genauso eintreffen wird, aber diese Verteilung ist die wahrscheinlichste) (siehe Abb. 9.1).

Ein positives Testergebnis werden bei diesen Zahlen also 1098 Menschen bekommen.

Haben Sie schon gesehen, worin das Problem liegt?

Davon sind nur 99 wirklich infiziert, d. h.

$$\frac{99}{1098} = 9,02\ \%.$$

Man darf also aus einem positiven Testergebnis nicht schließen, dass man den Virus wirklich in sich hat. Aber man gehört damit sicher zu einer Risikogruppe, nämlich zu der Gruppe der Positiv-Getesteten, deren Risiko bei ca. 10 % liegt.

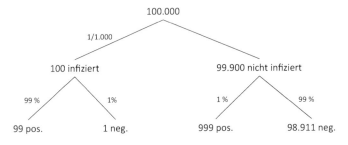

Abb. 9.1 Baumdiagramm zur AIDS-Test-Aufgabe

Wenn man nun einen zweiten (unabhängigen) Test macht, dann liegt die Prävalenz bei ca. 10 %. Der Test muss vom ersten Test unabhängig sein. Er dürfte nicht
den gleichen Fehler noch mal machen, aber es besteht ein gewisses Risiko einen
anderen Fehler zu begehen, der genauso wahrscheinlich ist.

Für $p = \frac{1}{10}$ sieht die Überlegung hochgerechnet auf 100.000 Leute aus dieser
Risikogruppe so aus wie in Abb. 9.2.

Ein positiver Test ist zu erwarten für 10.800 Menschen. Davon sind wirklich
infiziert: 9900, d. h.

$$\frac{9900}{10800} = 91{,}60\ \%.$$

Sollte man also beim zweiten Durchgang noch mal einen positiven Test bekommen, muss man sich ernsthaft Sorgen machen.

Man könnte den Zusammenhang auch in einer Vierfeldertafel darstellen
(wobei der Nachteil darin besteht, dass man die Prävalenz, die Sensitivität und
die Spezifität nicht mehr direkt eintragen kann). Für $p = 0{,}1$ und 100.000 Getes-
tete schaut sie so aus, wie in Tab. 9.1 dargestellt.

Welche Darstellung gefällt Ihnen besser? Das Baumdiagramm oder die Vierfeldertafel?

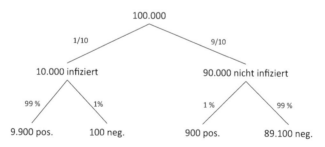

Abb. 9.2 Baumdiagramm zum 2. AIDS-Test

Tab. 9.1 Vierfeldertafel
zur AIDS-Test-Aufgabe

	Infiziert	Nicht infiziert	
Positiver Test	9900	900	10.800
Negativer Test	100	89.100	89.200
	10.000	90.000	100.000

9.3 Hypothesentests

In gewisser Weise ist der vorhin behandelte AIDS-Test auch ein Hypothesen-Test. Man testet die Hypothese, dass man den Virus in sich hat. Üblicherweise ist das, was man im Statistik-Alltag Hypothesentest nennt, aber ein bisschen anders aufgebaut. Man weiß nichts von einer Prävalenz und versucht, um die Analogie zum AIDS-Test herzunehmen, die Spezifität und die Sensitivität möglichst groß werden zu lassen (z. B. bei 95 % oder mehr). Es können aber nur bedingte Wahrscheinlichkeiten mit den Hypothesen als Vorbedingungen angegeben werden. Die Bedingungen können nicht vertauscht werden.

Denken wir an den Würfel, den ich in Abschn. 9.1 erwähnt habe. Er hat auffallend oft hohe Zahlen angezeigt. Eine Hypothese könnte also sein, an dem Würfel stimme etwas nicht. Die Wahrscheinlichkeit für eine hohe Augenzahl könnte größer als 50 % sein.

Man wird die Hypothese, dass die Wahrscheinlichkeit gleich 50 % ist gegen die Hypothese testen, dass sie größer ist. Dazu muss man sich überlegen, wie oft man würfeln will und wo man die Grenze setzen will. Nehmen wir an, wir entscheiden uns für 100-mal Würfeln. Ab wann wollen wir glauben, dass mit dem Würfel etwas nicht stimmt? Bei 30-mal Würfeln gab es bei 60 % der Würfe hohe Augenzahlen. Ist das schon ungewöhnlich? Bei 100-mal Würfeln würden uns 60 hohe Augenzahlen vermutlich eher ungewöhnlich vorkommen. Sollen wir 55 dann auch schon als hoch einstufen – oder liegt das im normalen Rahmen der Schwankungen? Ein Maß für die üblichen Schwankungen ist die sogenannte Streuung oder Standardabweichung. Dabei gilt das sogenannte Wurzel-n-Gesetz: Würfelt man viermal so oft, sollte die Standardabweichung, das heißt der Bereich um den Erwartungswert, der sich ebenfalls vervierfacht hat, größer werden. Allerdings nicht viermal so groß, sondern lediglich doppelt so groß. Würfelt man 100-mal so oft, sollte das Ergebnis nicht 100-mal soweit abweichen, sondern maximal 10-mal.

Nehmen wir das Würfelbeispiel: wenn man 10-mal würfelt, würde man 5-mal eine hohe Zahl erwarten. Wenn das 3-7-mal passiert, wundert man sich vermutlich nicht. Wenn man nun 1000-mal würfelt, würde man sich über 490 hohe Zahlen auch nicht wundern, also nicht nur den Bereich 498–502 (d. h. plus/minus 2) als gewöhnlich ansehen. Aber nur 300-mal oder entsprechend 700-mal fände man doch sehr unerwartet. 100-mal so oft gewürfelt, sollte eher eine 10-mal so große Streuung ergeben, also 480–520 als zu erwartender Bereich. Sind dann 470 schon wenig bzw. 530 schon unerwartet viel?

Als Faustformel für die Standardabweichung gibt es die Formel $\sqrt{npq}$ und was über die doppelte Standardabweichung hinausgeht, ist sehr verdächtig. „Signifikant" nennt man solch eine Abweichung vom Erwartungswert np. Die Zahl n gibt dabei die Anzahl der Versuche an (wie oft gewürfelt wird), p ist die Wahrscheinlichkeit, dass bei einem Versuch das Gewünschte eintritt, $q = 1 - p$ ist die Gegenwahrscheinlichkeit.

Bei ganz vielen Untersuchungen ist es so, dass die Wahrscheinlichkeit für ein signifikantes Ergebnis bei weniger als 5 % liegen würde, wenn eigentlich die Hypothese stimmen würde, dass kein besonderer Fall vorliegt (also z. B. der Würfel völlig in Ordnung ist). Oder anders gesagt: Unter der Vorrausetzung, dass die Hypothese stimmt, ist die Wahrscheinlichkeit für ein signifikantes Ergebnis bei den meisten Versuchsanordnungen unter 5 %.

Im bisher besprochenen Beispiel ist $p = q = 0{,}5$. n war zunächst 30 und dann 100.

Mit $n = 30$ erwartet man $np = 15$ hohe Zahlen und die Standardabweichung beträgt $\sqrt{7{,}5} = 2{,}74$.

Damit sind $18 = 15 + 3$ weniger als $15 + 2 \cdot 2{,}74$ und meine ursprüngliche Beobachtung ist nicht signifikant.

Bei 100 Würfel müsste man über $50 + 2 \cdot \sqrt{25} = 60$ hohe Zahlen erhalten, damit das Ergebnis signifikant erscheint.

60 % von 30 Würfen sind also noch nicht signifikant, 60 % von 100 wären die Grenze zur Signifikanz.

Und wenn man als Gegenhypothese hat: „die Wahrscheinlichkeit für eine große Zahl beträgt bei diesem Würfel 60 %", so wäre ein Test mit 100 Versuchen nicht trennscharf. Denn die erwarteten 60 hohen Zahlen sind für den „normalen" Würfel noch nicht signifikant, könnten also auch zufällig bei einem normalen Würfel passieren. Will man, dass die Grenze für die Signifikanz genau zwischen den 50 % beim normalen und den 60 % bei einem entsprechend präparierten Würfel liegt, müsste man mindestens 400 mal würfeln, viermal so oft, damit die Standardabweichung dann doppelt so groß ist und die Streubereiche sich daher nicht mehr überlappen.

Noch mal nachgerechnet: erwartet würden bei einem normalen Würfel 50 %, d. h. 200 hohe Augenzahlen.

Die Standardabweichung liegt bei $\sqrt{400 \cdot 0{,}5 \cdot 0{,}5} = 10 . 200 + 2 \cdot 10 = 220$ (und das entspricht 55 % von 400).

Für die Gegenhypothese (60 %) würde man $400 \cdot 60\,\% = 240$ hohe Augenzahlen erwarten mit einer Standardabweichung von $\sqrt{400 \cdot 0{,}6 \cdot 0{,}4} = 9{,}8$ und $240 - 2 \cdot 9{,}8 = 220{,}4$. Somit wäre 220 eine wirklich gute Grenze, um

Würfel mit 50 %-Wahrscheinlichkeit von solchen mit 60 %-Wahrscheinlichkeit zu unterscheiden.

Warum ist die Standardabweichung bei 60 % geringfügig kleiner als die bei 50 %? Das liegt an dem $pq = p(1 - p)$ unter der Wurzel. Dieser Term liefert den größten Wert, wenn p und q gleich groß sind, also jeweils 50 % betragen. Somit: $\sqrt{npq} \leq \sqrt{n \cdot 0{,}5 \cdot 0{,}5} = 0{,}5\sqrt{n}$. Damit ist die doppelte Standardabweichung immer $\leq \sqrt{n}$, d. h. eine Abweichung um mehr als $\sqrt{n}$ spricht für ein signifikantes Ergebnis.

Anmerkung: Warum liefert $p(1 - p)$ den größten Wert für $p = (1 - p) = 0{,}5$?

Man könnte es für verschiedene Werte von p nachrechnen. Oder man überlegt sich, dass man sich den Abstand von p zu 0,5 anschaut und diesen als h benennt. Dann ist $p(1 - p) = (0{,}5 - h)(0{,}5 + h) = 0{,}5^2 + 0{,}5\,h - h^2 = 0{,}5^2 - h^2$. Diese Formel gilt, egal ob $p = 0{,}5 + h$ oder $0{,}5 - h$ ist, also unabhängig davon, ob p größer oder kleiner als 50 % ist. $1 - p$ ist immer der jeweils andere Faktor. Der Wert $0{,}5^2 - h^2$ ist am größten für $h = 0$, also wenn p wirklich 0,5 ist.

Eine Zusammenfassung der Ergebnisse für einen Test, bei dem 400-mal gewürfelt wird, bietet Abb. 9.3.

Woher kommen die 2,5 %? 95 % ist ungefähr die Wahrscheinlichkeit, dass das Ergebnis in das Intervall zwischen $np - 2\sqrt{npq}$ und $np + 2\sqrt{npq}$ (Erwartungswert $-$ 2 Standardabweichungen und Erwartungswert $+$ 2 Standardabweichungen) fällt. Zu 5 % fällt das Testergebnis nicht in dieses Intervall, zu 2,5 % liegt es drunter und zu 2,5 % drüber.

Noch ein Beispiel mit einer ähnlichen Überlegung: In der 1.Fußball- Bundesliga liegt die Wahrscheinlichkeit für ein Unentschieden schon seit vielen Jahren

Abb. 9.3 Hypothesentest für 400-maliges Würfeln

bei etwa $\frac{1}{4}$. Diese Wahrscheinlichkeit kommt nicht aus einer theoretischen Überlegung, sondern ist eine relative Häufigkeit aus jahrelanger Erfahrung. Immerhin gibt es jährlich 306 Spiele.

Schaut man derzeit in die Tabelle der 2. Bundesliga (Stand: 21.03.2017), so kann man nach dem 25. Spieltag (also nach $9 \cdot 25 = 225$ Spielen) nachrechnen, dass es bisher 66 Unentschieden gab. In der 1. Bundesliga sind des derzeit (nach ebenfalls 225 Spielen) nur 51. 66 liegt deutlicher über dem Erwartungswert von $\frac{1}{4} \cdot 225 = 56{,}25$ als 51 darunter liegt.

Die Faustregel „eine Abweichung von mindestens $\sqrt{n}$ ist signifikant" sagt uns, dass beide Abweichungen nicht signifikant gegen das übliche Viertel sprechen ($\sqrt{225} = 15$ – netterweise lässt sich die Wurzel sogar exakt angeben).

Der genauere Wert $2\sqrt{npq}$ ist ungefähr 13. Auch eine solche Abweichung ist noch nicht erreicht.

$\frac{66}{225} = 0{,}29333\ldots$ spricht aber dafür, dass etwa 30 % der Spiele in der 2. Bundesliga unentschieden ausgehen könnten. Könnten wir am Ende der Saison sagen, ob 25 % oder 30 % der bessere Wert für die 2. Bundesliga ist (s. Abb. 9.4)?

Wie kommt man auf die Zahl 94 bzw. 75?

$\sqrt{306} = 17{,}5$ als erste Näherung für die doppelte Standardabweichung.

Genauer wäre sie $2 \cdot \sqrt{306 \cdot \frac{1}{4} \cdot \frac{3}{4}} \approx 15{,}1$ bzw. $2 \cdot \sqrt{306 \cdot 0{,}3 \cdot 0{,}7} \approx 16$.

Auch mit den genaueren Werten gibt es einen so großen Überlappungsbereich ($92 - 16 = 76$) und ($76{,}5 + 15{,}1 = 91{,}6$), dass die Erwartungswerte der einen Variante gerade am Rand der doppelten Standardabweichung der anderen Variante liegen. Eine Saison kann also nicht klären, ob es 5 % mehr oder weniger Unentschieden gibt. Dazu müsste man sich schon vier Saisonen anschauen (s. Abb. 9.5).

Man sieht, das ist ziemlich trennscharf (nur bei 335 oder 336 wäre noch unsicher, welche der beiden Wahrscheinlichkeiten nun besser passt).

Wie beim Würfelbeispiel zuvor war die eine Situation (100-mal Würfeln bzw. eine Saison) so, dass die zweite Hypothese gerade die Grenze der doppelten Stan-

Abb. 9.4 Hypothesentest zur Häufigkeit der Unentschieden in der Bundesliga

Abb. 9.5 Unentschieden in der Bundesliga bei 4 Saisonen

dardabweichung der ersten Hypothese darstellte. Jedes Mal musste die Anzahl der Versuche vervierfacht werden, um die beiden Hypothesen gut auseinanderhalten zu können, denn beim Vervierfachen der Versuche vervierfacht sich der Erwartungswert, die Standardabweichung verdoppelt sich aber nur.

Damit noch mal zurück zu den aktuellen Tabellen (Stand: 02.03.2017). Wenn wir nichts von der langfristigen Unentschieden-Quote von $\frac{1}{4}$ wüssten und wir hätten nur die beiden Zahlen: 51 Unentschieden in der 1. Bundesliga und 66 Unentschieden in der 2. Bundesliga, dann fällt ja auf, dass der Unterschied genau $15 = \sqrt{n}$ ist. Es sieht also so aus, dass es in der 2.Bundesliga wohl knapp signifikant mehr Unentschieden gibt als in der 1. Bundesliga. Es könnte aber doch sein, dass die „Wahrheit" irgendwo in der Mitte (vielleicht in der Nähe von $117:450 = 0,26$ – also Unentschieden insgesamt durch Spiele insgesamt) liegt und es „zufällig" in der 1. Liga ein paar Unentschieden weniger gab und in der 2. Liga ein paar mehr. Diese These kann nicht auf dem Signifikanzniveau von 5 % verworfen werden.

Wie gut, dass dies nicht die erste Bundesliga-Saison ist und wir nachprüfen können, ob es früher auch schon solche Unterschiede gab.

In den letzten vier Spielzeiten war es so: 15/16 gab es in der 1. Bundesliga 71 Unentschieden, in der 2. Bundesliga 86 (diesmal also in der ganzen Saison 15 mehr – was auch noch nach Signifikanz aussieht), 14/15 waren es in der ersten Liga 82 und in der zweiten 88, diesmal kann man nicht vom echten Unterschied sprechen. 13/14 war der Unterschied noch größer: 64 zu 88. Und auch 12/13 gab es einen deutlichen (wenn auch nicht ganz das Signifikanzniveau treffenden) Unterschied 78 zu 90.

Die 1. Bundesliga bleibt in diesen vier Jahren mit 295 also insgesamt unter dem Erwartungswert von 306, aber nicht so viel drunter, dass man die Hypothese von $\frac{1}{4}$ verwerfen müsste (zweimal lag sie ja auch knapp drüber). Die 2. Bundesliga kommt sogar auf insgesamt 352 Unentschieden, was zwar die 30 % – Grenze nicht ganz erreicht, aber als Näherungswert ist 30 % die signifikant bessere Hypothese als 25 %. Und der Unterschied von 57 übertrifft $\sqrt{n} = \sqrt{4 \cdot 306} \approx 35$ deutlich, wenn auch nicht doppelt. Man kann also relativ guten Gewissens behaupten: In der 2. Bundesliga gibt es mehr Unentschieden als in der 1. Bundesliga.

Ein weiteres Beispiel aus dem Alltag: **Die 13 beim Lotto.**

Die erste Zahl, die beim Lotto gezogen wurde, als es 1955 eingeführt wurde, war die Zahl 13. Bald darauf musste man aber feststellen, dass die Zahl 13 beim Lottospielen am seltensten gezogen wurde und das blieb die ganzen Jahre so. Ist 13 also eine Pechzahl, zumindest was das Lottospielen angeht?

Ich habe Daten aus dem Jahr 1974 in meinem Matheheft aus meiner Schulzeit (und im damaligen Schulbuch) gefunden und aktuelle Daten aus dem Internet bei „dielottozahlende" (Stand vom 14.03.2017).

Ich habe daher in die beiden Zeiträume 1955–1974 und 1974–2017 aufgeteilt (s. Tab. 9.2).

Wieso muss man mit $p = \frac{6}{49}$ rechnen? Weil jedes Mal 6 von 49 Zahlen gezogen werden, also hat jede Zahl die Wahrscheinlichkeit $\frac{6}{49}$ bei einer Ziehung dabei zu sein.

Man sieht, 13 war in den ersten 20 Jahren signifikant selten dran. Auch auf die Gesamtzeit gesehen ist sie signifikant selten dran. Wenn man aber den zweiten Zeitraum allein betrachtet, ist 13 zwar immer noch weniger als erwartet vorgekommen, jedoch ist dieser Seltenheitswert nicht mehr signifikant.

Das seltene Auftreten am Anfang macht also aus, dass es auch im gesamten Zeitraum so selten erschien.

Sie können nun selbst überlegen, ob Sie aus diesen Gründen die 13 beim Lottoschein nicht ankreuzen würden oder ob Sie dieser „Unglückszahl" doch die Chance geben, für Sie zur Glückszahl zu werden.

Tab. 9.2 Die Häufigkeit von 13 bei den Lottozahlen

Zeitraum	1955–1974	1955–2017	1974–2017
Anzahl der Ziehungen	996	5572	4576
Erwartungswert für 13	122	682	560
Häufigkeit von 13	96	619	523
Standardabweichung	10	24,5	21,4
μ-2σ	102	633	517
„Signifikant"			

Meistens denkt man bei Mittelwerten an das arithmetische Mittel zwischen zwei Zahlen. Bei 1 und 2 würde man 1,5 als Mittelwert betrachten. Bei beliebigen Zahlen a und b den Wert $\frac{1}{2}(a+b)$.

Vielleicht würden Sie, wenn a die kleinere Zahl ist, eher $a + \frac{1}{2}(b-a)$ rechnen, also zu a noch den halben Abstand zu b dazu zählen. Wie Sie leicht nachrechnen können, ist das auch $\frac{1}{2}(a+b)$.

Es gibt aber auch noch andere Mittelwerte.

Ich will Ihnen die wichtigsten zwei an zwei Fragestellungen bewusst machen.

1. Die Weltbevölkerung verdoppelte sich im letzten Jahrhundert etwa alle 40 Jahre.

2000	Etwa 6 Milliarden (Mrd.)
1960	3 Mrd.
1920	1,5 Mrd.

Wie viele Menschen waren es 1980? Wie viele 1940?

Man ist geneigt, für 1980 die Zahl 4,5 Mrd. anzugeben und für 1940 2,25 Mrd.

Aber warum sollte sich die Bevölkerung von 1920 bis 1940 und von 1940 bis 1960 jeweils um 0,75 Mrd. vergrößert haben, in den beiden Zeiträumen danach (1960–1980 und 1980–2000) jeweils um 1,5 Mrd. Warum plötzlich der Sprung?

Schauen wir uns das Wachstum noch mal genauer an:

Beginn bei 1920	1,5 (Mrd.)
Nach 40 Jahren	$1,5 \cdot 2$
Nach 80 Jahren	$1,5 \cdot 2 \cdot 2$

© Springer Fachmedien Wiesbaden GmbH 2018
R. Motzer, *Brüche, Verhältnisse und Wurzeln*, essentials,
https://doi.org/10.1007/978-3-658-20370-2_10

nach 120 Jahren wären zu erwarten: $1,5 \cdot 2 \cdot 2 \cdot 2$ (der Zusammenhang gilt aber defacto über 2000 hinaus nicht mehr!)

nach $n \cdot 40$ Jahren: $\boxed{1,5 \cdot 2^n}$

Und wenn man jetzt für n keine natürliche Zahl mehr einsetzt, sondern 0,5 bzw. 1,5 (dann erhält man die Daten für 1940 bzw. 1980):

Nach 20 Jahren	$1,5 \cdot 2^{\frac{1}{2}} = 1,5 \cdot \sqrt{2} \approx 2,12$
Nach 60 Jahren	$1,5 \cdot 2^{\frac{3}{2}} \approx 4,24$
Nach 1 Jahr	$1,5 \cdot 2^{\frac{1}{40}} = 1,5 \cdot 1,017 \approx 1,53$ (zur Überprüfung: $1,017^{40} \approx 2$)
Nach $\times$ Jahren	$1,5 \cdot 2^{\frac{x}{40}} = \left(1,5 \cdot 2^{\frac{1}{40}}\right)^x \approx 1,5 \cdot 1,017^x$

$a = 1,017$ heißt auch Wachstumsfaktor. Die Bevölkerung wuchs in jedem Jahr um etwa 1,7 %.

Kann man sich die 2,12 auch als Mittelwert von 1,5 und 3 berechnen? Und 4,24 aus 3 und 6?

Ja, es liegt das sogenannte geometrische Mittel vor: $m \text{ geo} = \sqrt{a \cdot b}$.

Man beachte: $1,5 \cdot 2^{\frac{1}{2}} = \cdot \sqrt{1,5 \cdot 1,5 \cdot 2}$ und $1,5 \cdot 2^{\frac{3}{2}} = \sqrt{1,5 \cdot 2 \cdot 1,5 \cdot 2^2}$.

Was hat das mit Geometrie zu tun? Wenn a und b die Seitenlängen eines Rechtecks sind, dann ist das geometrische Mittel die Seitenlänge eines flächeninhaltsgleichen Quadrats.

Vielleicht erinnern Sie sich an das Heron-Verfahren zur Berechnung der Wurzeln einer Zahl a. Die linke und rechte Grenze wurde jeweils so gewählt, dass das Produkt a ergab. Man könnte damit ein Rechteck mit dem Flächeninhalt a zeichnen. Gesucht wurde nun der Mittelwert, für den das zugehörige Rechteck ein Quadrat mit dem gleichen Flächeninhalt ist. Es wird also das geometrische Mittel gesucht. Als Näherung wird das arithmetische Mittel verwendet. In diesem Zusammenhang wurde auch gezeigt, dass das arithmetische Mittel immer ein bisschen größer ist als das geometrische Mittel.

Eine Anmerkung zur Weltbevölkerung, wenn sie sich schon immer so entwickelt hätte wie im 20. Jahrhundert: Wann hätten Adam und Eva gelebt?

Kann man das ohne Taschenrechner und Logarithmus rausbekommen? Ja, man kann.

Im 20. Jahrhundert hatten wir eine Verdoppelungszeit von etwa 40 Jahren.

10 Verdoppelungszeiten ergeben 400 Jahre. In 400 Jahren werden als also aus zwei Menschen 2000 Menschen (nicht 40, wie man im ersten Augenblick geneigt sein könnte zu sagen, denn $2^{10} = 1024$, also ungefähr 1000).

In weiteren 10 Verdoppelungszeiten ergeben sich 2 Mio. Menschen (wieder mal 1000). Wir sind bei 800 Jahren.

Noch mal 400 Jahre und wir haben zwei Milliarden erreicht. Noch 2-mal verdoppeln (also 2 · 40 Jahre dazu) und wir haben 8 Mrd. Es dürfte somit ca. 1300 Jahre her sein seit Adam und Eva.

Diese Rechnung zeigt somit, dass das Bevölkerungswachstum früher nicht so intensiv sein konnte, wie es im 20. Jahrhundert war.

2. Sie fahren auf der Landstraße eine Stecke von 120 km. Sie kommen mit der Durchschnittsgeschwindigkeit 60 km/h voran. Auf dem Rückweg nehmen Sie die Autobahn (gleiche Streckenlänge). Diesmal kommen Sie mit durchschnittlich 120 km/h voran. Wie groß ist die gesamte Durchschnittsgeschwindigkeit?

Naheliegend ist wieder das arithmetische Mittel 90 km/h. Warum ist es aber falsch?

Weil Sie mit der geringeren Geschwindigkeit viel länger unterwegs sind, nämlich doppelt so lang.

Konkret brauchen Sie für die Hinfahrt 2 h, für die Rückfahrt nur 1 h. Insgesamt also 3 h für 240 km.

Die Durchschnittsgeschwindigkeit beträgt somit 240 km/3 h = 80 km/h.

Hier handelt es sich um das sogenannte harmonische Mittel:

Sei die Geschwindigkeit für die Hinfahrt a und für die Rückfahrt b. Die Strecke sei s lang.

Für die Hinfahrt brauchen Sie also: $\frac{s}{a}$ h, für die Rückfahrt $\frac{s}{b}$ h (wenn Sie sich nicht mehr sicher sind, welcher Wert in den Zähler und welcher in den Nenner gehört: Je länger die Strecke s, desto mehr Zeit braucht man, also muss s in den Zähler. Je höher die Geschwindigkeit a ist, desto weniger Zeit braucht man, also muss a in den Nenner. Oder man prüft mit dem Einheitencheck: $\frac{km}{\frac{km}{h}} = h$).

Gesamtzeit: $\frac{s}{a} + \frac{s}{b} = \frac{sb + sa}{ab}$. Und das für eine Strecke der Länge 2s.

Damit ist die Durchschnittsgeschwindigkeit: $\frac{2s}{\frac{sb + sa}{ab}} = 2s : \frac{sb + sa}{ab} = 2s \cdot \frac{ab}{sb + sa}$ $= \frac{2sab}{s(b + a)} = \frac{2ab}{b + a}$.

Man sieht, dass die Länge der Strecke für die Durchschnittsgeschwindigkeit keine Rolle spielt. Sie kürzt sich heraus.

Statt $m_{harm} = \frac{2ab}{b + a}$ kann man auch $\frac{1}{m} = \frac{1}{2}\left(\frac{1}{a} + \frac{1}{b}\right)$ schreiben, was die Mittelwerteigenschaft vielleicht noch besser ausdrückt.

Wenn man zu einigen Zahlenpaaren die drei Mittelwerte ausrechnet, kann man feststellen, dass das harmonische Mittel jeweils noch kleiner als das geometrische ist.

Begründen kann man dies auch über den bemerkenswerten Zusammenhang, dass das Produkt des harmonischen mit dem arithmetischen Mittel das Quadrat des geometrischen Mittels ist.

Oder noch mal anders gesagt: Wir haben in diesem Buch schon mehrere harmonische Mittelwerte ausgerechnet. Denn die unteren Grenzen, die sich beim Heron-Verfahren ergeben, sind die harmonischen Mittel der beiden vorherigen Grenzen.

Das soll nun auch noch mal nachgerechnet werden:

$$\frac{2ab}{b+a} \cdot \frac{a+b}{2} = ab = \left(\sqrt{ab}\right)^2$$

Und wie kann man sich merken, dass es „harmonisches Mittel" heißt?

Harmonie liegt dann vor, wenn die Verhältnisse stimmen. Das wussten schon die alten Griechen. Darum gibt es auch in der Musik eine Harmonielehre. Dabei müssen die Frequenzverhältnisse zwischen den Tönen stimmen. Dann klingt es harmonisch.

Man kann sich die Mittelwerte von zwei positiven Zahlen als drei Längen in einem Trapez aufzeichnen (Abb. 10.1).

Auf halber Höhe findet sich das arithmetische Mittel m.

Durch den Schnittpunkt der Diagonalen, die sich im gleichen Verhältnis schneiden, nämlich im Verhältnis der Seitenlängen a und c, geht die Strecke zum harmonische Mittel h.

Die Strecke zum geometrischen Mittel g liegt so, dass das Trapez in zwei ähnliche Trapeze zerlegt wird, d. h. a:g = g:c oder g^2 = ac.

Abb. 10.1 Die
verschiedenen Mittelwerte
von a und c

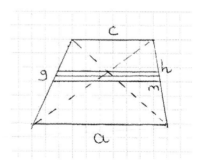

Schluss 11

Insgesamt hoffe ich, dass Sie in diesem Buch gesehen haben: es kann zwar immer wieder sein, dass man sich im Leben mit Brüchen beschäftigen muss (und manchmal wird es sogar irrational). Aber wenn man hinschaut, kann man die Verhältnisse doch wieder ordnen und findet vielleicht eine harmonische Mitte.

© Springer Fachmedien Wiesbaden GmbH 2018
R. Motzer, *Brüche, Verhältnisse und Wurzeln*, essentials,
https://doi.org/10.1007/978-3-658-20370-2_11

Was Sie aus diesem *essential* mitnehmen können

- Bruchzahlen können durch verschiedene gleichwertige Paare von Zähler und Nenner angegeben werden. Meist verwendet man die gekürzte Version.
- Beim Addieren und Subtrahieren stellt man sich Brüche gewöhnlich als Anteile eines Ganzen vor. Auch die Multiplikation und Division kann man damit sinnvoll erklären. Multiplikation und Division kann aber auch für Brüche interessant sein, die ein Verhältnis beschreiben.
- Beim Simpson-Paradoxon geht es um Verhältnisse bei Daten, die je nachdem, wie man sie liest – getrennt oder zusammengefasst –, gegenteilige Tendenzen angeben.
- Brüche kann man durch die Durchführung der Division in Dezimalzahlen umrechnen. Endliche und periodische Dezimalzahlen kann man in Brüche umrechnen.
- Bei Prozentangaben ist es sehr wichtig zu wissen, was als Grundwert gesehen wird.
- Testergebnisse, die um mindestens $\sqrt{n}$ vom Erwartungswert abweichen, sind verdächtig. Solche eine Abweichung dürfte „signifikant" sein. Vergleicht man zwei Messreihen, so spricht eine Abweichung von $2\sqrt{n}$ noch mehr für einen signifikanten Unterschied zwischen den Messreihen.
- Bei der Frage nach dem Mittelwert muss man sehr genau auf die Vorgaben schauen. Es gibt verschiedene Mittelwerte (z. B. das harmonische, das geometrische und das arithmetische Mittel).

© Springer Fachmedien Wiesbaden GmbH 2018
R. Motzer, *Brüche, Verhältnisse und Wurzeln*, essentials,
https://doi.org/10.1007/978-3-658-20370-2

Literatur

Bates, B., Bunder, M., & Tognetti, K. (2010). Locating terms in the Stern–Brocot tree. *European Journal of Combinatorics, 31*(3), 1020–1033.

Bickel P. J., Hammel E. A., & O'Connell J. W. (1975). Sex bias in graduate admissions: Data from Berkeley. *Science, 187*(4175), 398.

Grams, T. (2016). *Klüger Irren – Denkfallen mit System.* Heidelberg: Springer.

Heigl, F., & Feuerpfeil, J. (1976). *Stochastik.* 2. Aufl. München: Bsv.

Paulitsch, A. (1993). *Zu Gast bei Brüchen und ganzen Zahlen.* 3. Aufl. Hallbergmoos: Aulis.

Robert Koch-Institut. (2016). *Bericht zum Krebsgeschehen in Deutschland 2016.* Berlin: Robert Koch-Institut.

Székely Gábor, J. (1990). *Paradoxa. Klassische und neue Überraschungen aus Wahrscheinlichkeitsrechnung und mathematischer Statistik.* Frankfurt a. M.: Harri Deutsch.

Tan, A. (1986). A Geometric interpretation of Simpsons Paradoxon. *College Mathematics Journal, 17*(4), 340 f.

Internetquelle für gezogene Lottozahlen

http://www.dielottozahlende.net/lotto/6aus49/statistiken/haeufigkeit%20der%20lotto-zahlen.html. Zugegriffen: 3. Aug. 2017.

© Springer Fachmedien Wiesbaden GmbH 2018
R. Motzer, *Brüche, Verhältnisse und Wurzeln,* essentials,
https://doi.org/10.1007/978-3-658-20370-2

Weitere Beispiele für das Auftreten des goldenen Schnitts

Dr. Dr. Ruben Stelzner: *Der goldene Schnitt – Das Mysterium der Schönheit unter* http://www.golden-section.eu/home.html. Zugegriffen: 3. Aug. 2017.

Fußballstatistiken lassen sich z. B. nachlesen unter

www.kicker.de.

Printed in the United States
By Bookmasters